高等职业教育系列教材

工业机器人操作与编程 第2版

主　编　佘明洪　罗显东
副主编　李　敏　赵鹏举　王建平
参　编　张玄羽　李　毅　余永洪
　　　　杨玉平　高　雨　左培良

机械工业出版社
CHINA MACHINE PRESS

本书是新形态立体化教材，具有内容丰富、生动直观等特点。将数字化资源以二维码的形式融入纸质教材中，使得教材“动起来”，增强了教学互动性，提高了学习效果。

全书共 8 章，第 1 章介绍工业机器人概述；第 2 章介绍利用示教器完成工业机器人的基本操作；第 3 章介绍工业机器人的 RAPID 编程与调试；第 4 章介绍工业机器人的编程应用；第 5 章介绍机器人写字操作及仿真；第 6 章介绍机器人搬运操作及仿真；第 7 章介绍机器人码垛操作及仿真；第 8 章介绍机器人焊接操作及仿真。

本书适合高等职业院校和职业本科院校工业机器人技术、机电一体化技术、智能控制技术等专业教师、学生以及相关行业工程人员使用，也可供其他专业的教师和研究人员参考。

本书配有课程标准、学习思维导图、学案、微课视频、动画、电子课件、演示操作和虚拟仿真、课堂练习、学习效果测评等，需要的教师可登录机械工业出版社教育服务网 www.cmpedu.com 免费注册后下载，或联系编辑索取（微信：13261377872，电话：010-88379739）。

图书在版编目（CIP）数据

工业机器人操作与编程 / 佘明洪，罗显东主编. —2 版. —北京：机械工业出版社，2022.10（2024.1 重印）
高等职业教育系列教材
ISBN 978-7-111-71649-5

Ⅰ. ①工… Ⅱ. ①佘… ②罗… Ⅲ. ①工业机器人-操作-高等职业教育-教材 ②工业机器人-程序设计-高等职业教育-教材 Ⅳ. ①TP242.2

中国版本图书馆 CIP 数据核字（2022）第 173110 号

机械工业出版社（北京市百万庄大街 22 号 邮政编码 100037）
策划编辑：曹帅鹏 责任编辑：曹帅鹏
责任校对：张艳霞 责任印制：郜 敏

中煤（北京）印务有限公司印刷

2024 年 1 月第 2 版 • 第 3 次印刷
184mm×260mm • 11.75 印张 • 293 千字
标准书号：ISBN 978-7-111-71649-5
定价：49.00 元

电话服务
客服电话：010-88361066
010-88379833
010-68326294

网络服务
机 工 官 网：www.cmpbook.com
机 工 官 博：weibo.com/cmp1952
金 书 网：www.golden-book.com
机工教育服务网：www.cmpedu.com

Preface

前　言

随着经济全球化进程的不断加快，在制造业走向数字化、智能化的趋势下，智能软件、新材料、灵敏机器人和先进制造方法将促进经济社会发生翻天覆地的变化。

专家曾预言，制造业数字化将引领第四次工业革命。目前，工业机器人应用越来越广泛。早期的工业机器人如同曾经的大型计算机，昂贵、体积庞大、安装费用高。新一代工业机器人功能更加强大、体积趋于小巧、应用更加灵活。工业机器人制造公司对生产线进行了自动化升级改造，使得工业机器人能够在无人监督的情况下连续工作数周。有很多使用工业机器人的生产制造，例如，激光切割、等离子爆炸喷涂、喷射铸造等都实现了无人干预的生产方式。随着科技发展和产品的不断升级，今后制造业使用的机械设备价格将会相对便宜，操作更加简单。尽管能自动实现抓取、装卸、存储、清洁等功能，但工业机器人不会完全取代操作者。

本书从实用性出发，面向高等职业院校装备制造大类和电子与信息大类专业的学生，内容以 ABB 工业机器人和华中数控工业机器人及其仿真系统为平台，以工业机器人应用的核心技术为主线，从仿真到实体，简明扼要、图文并茂、通俗易懂。本书编写遵循“先进性、实用性、可读性”原则，采取案例教学的编写形式，将教学融入轻松愉快的氛围中，激发学生学习兴趣，提高学习效率，力求达到易学、易懂。

学习重在学习方法，知识的可迁移能力非常重要，本书独创的通过类比 ABB 机器人与华数机器人知识，让学生学会类比，学会举一反三，灵活掌握知识。

为方便教师授课，本书编写团队同时开发了与本书配套使用的丰富的多媒体教学资源和相关工作站模板文件，授课教师可通过机械工业出版社教育服务网下载。

本书由佘明洪、罗显东任主编，李敏、赵鹏举和王建平任副主编，参加本书编写的还有张玄羽、李毅、余永洪、杨玉平、高雨和左培良。

本书在编写过程中得到了绵阳师范学院领导的大力支持，在此谨表示衷心感谢！与此同时，也感谢 ABB（中国）有限公司的无私协助！

由于编者水平与时间有限，书中难免存在不足之处，敬请读者批评指正。

编　者

目　录 Contents

第 1 章 工业机器人概述

机器人（Robot）一词是 1920 年由捷克著名的剧作家、科幻文学家、童话寓言家卡雷尔 · 恰佩克（Karel Capek）在他的讽刺剧《罗素姆万能机器人》中首先提出的，剧中描述了一个与人类相似，但却不知疲倦工作的机器奴仆 Robot。从那时起，Robot 一词就被沿用下来，中文译成机器人。1942 年，美国科幻作家埃萨克 · 阿西莫夫（Isaac Asimov）在他的科幻小说《我，机器人》中提出了“机器人三定律”，这三定律后来成为学术界默认的研发原则。

1.1 工业机器人发展概况

1954 年，美国德沃尔最早提出了工业机器人的概念，并申请了专利。该专利的要点是借助伺服技术控制机器人的关节，利用人手对机器人进行动作示教，机器人能实现动作的记录和再现，这就是所谓的示教再现机器人。1959 年，第一台工业机器人在美国诞生，开创了机器人发展的新时代，之后工业机器人在发达国家得到迅速发展。

工业机器人是面向工业领域的多关节机械手或多自由度的机器人。它是自动执行工作的机器装置，是一种靠自身动力和控制能力来实现各种功能的机器。它可以接受人类指挥，也可以按照预先编排的程序运行。现代的工业机器人还可以根据人工智能技术制定的原则纲领行动。工业机器人的出现是人类在利用机械推动社会发展的一个里程碑。在现代化工厂中，由工业机器人组成的自动化生产线生产成套设备已成为现代加工制造业的主流。汽车行业、电子电器行业、工程机械行业等正以极快的速度大量使用工业机器人。如图 1-1 所示为一种焊接工业机器人的外形图。有了工业机器人的介入，保证了产品质量，提高了生产效率，同时避免了大量的工伤事故。近半个世纪工业机器人的使用实践证明：工业机器人的应用与普及是实现自动化生产、提高社会生产效率、推动企业和社会发展生产力的有效手段。

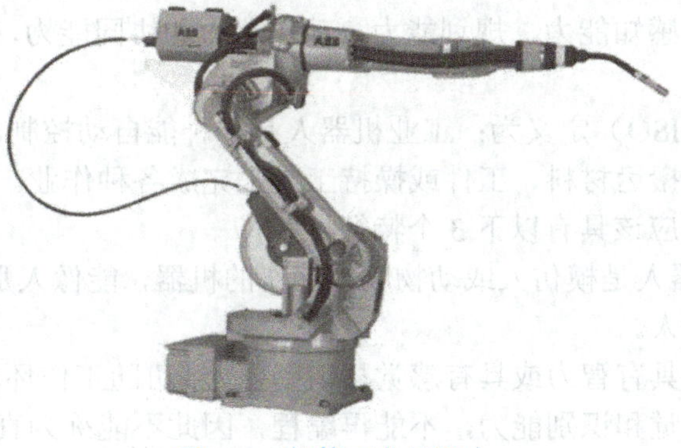

图 1-1　焊接工业机器人

工业机器人的出现将人类从繁重、单一的劳动中解放出来，它还能够从事一些不适合人类甚至超越人类能力的劳动，如在强辐射、强污染的环境下作业。工业机器人技术已经广泛地进入人们的生产和生活领域。工业机器人技术集成了机械工程、电子技术、计算机技术、自动控制及人工智能等多学科的最新研究成果，代表了机电一体化的最高成就，是当代科学技术发展中最活跃的领域之一，其研发、制造、应用各个环节已成为衡量一个国家科技创新和制造业水平的重要标志。近年来，美、日、德、韩等发达工业国家都将机器人作为战略性产业来重点发展，试图利用机器人技术缓解高成本劳动力所带来的压力，实现“制造业的回归”，保持其在高端制造领域的领先优势。

机器人在我国也越来越受到政府、企业、金融机构等各方面的重视。利用机器人技术提升我国制造业水平，实现从制造大国向制造强国的转变，提高人民生活质量已逐渐成为全社会共识。

工业机器人产业发展，取得国家层面的战略重视。2021 年 12 月《“十四五”智能制造发展规划》提出，实施智能制造装备创新发展行动，研发智能立/卧式五轴加工中心、车铣复合加工中心、高精度数控磨床等工作母机；智能焊接机器人、智能移动机器人、半导体（洁净）机器人等工业机器人。2021 年 12 月，工业和信息化部印发的《“十四五”机器人产业发展规划》，提出重点推进工业机器人等产品的研制及应用，提高性能、质量和安全性，推动产品高端化智能化发展，同时开展工业机器人创新产品发展行动，完善《工业机器人行业规范条件》，加大实施和采信力度。

随着我国 5G、大数据、云计算和 AI 技术的不断融合，未来工业机器人将实现更多的功能，助力工业机器人朝智能化、网联化方向进一步转型升级。同时，运动控制、高性能伺服驱动、高精密减速器等关键技术和部件加快突破，使得我国工业机器人整机功能和性能显著增强。预计智能机器人和工业云平台将成为工业机器人产业重要赛道，不断推动工业机器人品牌国产化、智能化、高端化发展，我国工业机器人行业规模将不断扩大。

目前，汽车行业是国内工业机器人最主要的下游应用市场，但随着中国制造转型升级，未来 3C、半导体、新能源、物流仓储、智能家居等领域的机器人应用需求将呈现较快增长，同时也将拓展到其他新兴领域，预计将会推动工业机器人的需求多元化和市场扩容，从而进一步促进行业发展。

虽然机器人问世已有几十年，但目前关于机器人仍然没有一个统一、严格、准确的定义。

我国将工业机器人定义为：一种自动化的机器，所不同的是这种机器具备一些与人或生物相似的智能能力，如感知能力、规划能力、动作能力和协同能力，是一种具有高度灵活性的自动化机器。

国际标准化组织（ISO）定义为：工业机器人是一种能自动控制，可重复编程，多功能、多自由度的操作机，能搬运材料、工件或操持工具来完成各种作业。

一般来说，机器人应该具有以下 3 个特征。

1）拟人功能。机器人是模仿人或动物肢体动作的机器，能像人那样使用工具。因此，数控机床和汽车不是机器人。

2）可编程。机器人具有智力或具有感觉与识别能力，可随工作环境变化的需要而再编程。一般的电动玩具没有感觉和识别能力，不能再编程，因此不能称为真正的机器人。

3）通用性。一般机器人在执行不同作业任务时，具有较好的通用性。比如，通过更换机器人手部末端操作器（手爪、工具等）便可执行不同的任务。

1.2 工业机器人结构与类型

1.2.1 工业机器人的组成

工业机器人系统由机械系统（主体）、驱动系统、控制系统和感知系统 4 大部分组成，它们之间的关系如图 1-2 所示。

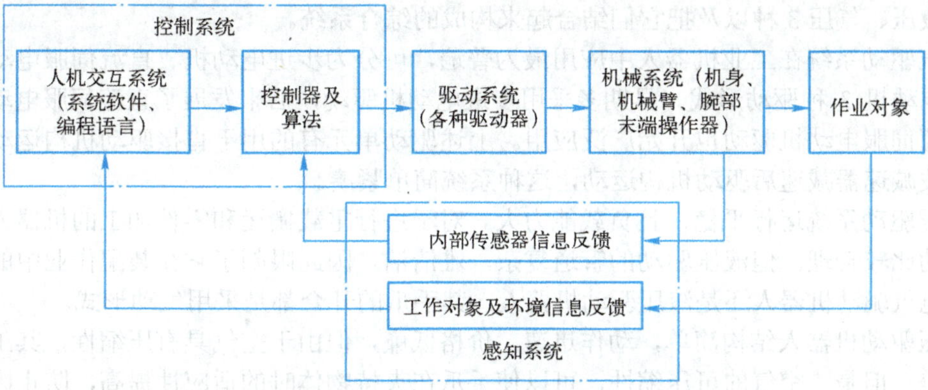

图 1-2　工业机器人系统的组成及各部分之间的关系

工业机器人主体即机座和执行机构，包括臂部、腕部和手部，有的机器人还有行走机构。大多数工业机器人有 3～6 个自由度，其中腕部通常有 1～3 个自由度；驱动系统包括动力装置和传动机构，用以使执行机构产生相应的动作；控制系统是按照输入的程序对驱动系统和执行机构发出指令信号，并进行控制。

通常将机身、臂部、腕部和末端操作器（如手爪）称为机器人的操作臂，机器人的关节决定两相邻连杆副的连接关系。机器人最常用的两种关节是移动关节和旋转关节，通常用 P 表示移动关节，用 R 表示旋转关节。

机器人的运动由臂部和腕部的运动组合而成。通常臂部有 3 个关节，用于改变腕部参考点的位置，称为定位机构；腕部也有 3 个关节，通常这 3 个关节的轴线相互垂直相交，用来改变末端操作器的姿态，称为定向机构。整个操作臂可以看成是在定位机构上连接定向机构构成的。

工业机器人操作臂的关节常为单自由度的主动运动副，即每一个关节均由一个驱动器驱动。典型的关节自由度种类及其图形符号见表 1-1。

表 1-1　典型的关节自由度种类及图形符号

名称	符号	名称	符号
平移		旋转（1）	
回转		旋转（1）	

1. 机械系统

工业机器人的机械系统包括机身、臂部、腕部、末端操作器（也称手部），每一部分都有若干自由度，构成一个多自由度的机械系统。此外，有的机器人还具备行走机构。若机器人具备行走机构，则构成行走机器人；若机器人不具备行走及旋转机构，则构成单机器人臂。末端操作器是一个直接装在腕部的重要部件，它可以是两手指或多手指的手爪，也可以是喷漆枪、焊枪等作业工具。有时也把工业机器人机械系统称为机器人的本体或主体。

2. 驱动系统

驱动系统主要是指驱动机械系统动作的驱动装置。根据驱动源的不同，驱动系统可分为电气、液压、气压 3 种以及把它们结合起来构成的综合系统。

电气驱动系统在工业机器人中应用最为普遍，可分为步进电动机、直流伺服电动机和交流伺服电动机 3 种驱动形式。早期多采用步进电动机驱动，后来发展了直流伺服电动机。现在，交流伺服电动机驱动也开始广泛应用。上述驱动单元有的用于直接驱动机构运动；有的通过谐波减速器减速后驱动机构运动，这种系统简单紧凑。

液压驱动系统运行平稳，且负载能力大。对于进行重载搬运和零件加工的机器人，采用液压驱动比较合理。但液压驱动的管道复杂，难清洁，因此限制了它在装配作业中的应用。无论是电气驱动机器人还是液压驱动机器人，其手爪的开合都是采用气动形式。

气压驱动机器人结构简单，动作迅速，价格低廉，但由于空气具有压缩性，其工作速度稳定性差。但是，空气的可压缩性，可以使手爪在夹持物体时的适应性提高，防止因受力过大造成被抓物体或手爪本身的破坏。气压系统的压力一般为 0.7MPa，因而抓取力小，只有几十牛到几百牛大小。

3. 控制系统

机器人控制系统是机器人的大脑，是决定机器人功能和性能的主要因素。控制系统的主要任务就是控制工业机器人在工作空间中的运动位置、姿态和轨迹、操作顺序及动作的时间等。

控制系统的任务是根据机器人的作业指令程序及从传感器反馈回来的信号，控制机器人的执行机构，使其完成规定的运动和功能。如果机器人不具备信息反馈特征，则该控制系统称为开环系统；如果机器人具有信息反馈特征，则该机器人系统称为闭环系统。控制系统主要由计算机硬件和软件两部分组成。软件主要由人和机器人关联的人机交互系统和控制算法等组成，该部分的作用相当于人的大脑。

4. 感知系统

感知系统由内部传感器和外部传感器组成。其作用是获取机器人内部和外部环境信息，并把这些信息反馈给控制系统。内部传感器用于检测各关节的位置、速度等变量，为闭环控制系统提供信息。外部传感器用于检测机器人与周围环境的一些状态的变量，如距离、接近程度和接触情况等，用于引导机器人，便于其识别物体并做出相应的处理。外部传感器可使机器人以灵活的方式对它所处的环境做出反应，赋予机器人一定的智能。

1.2.2 工业机器人的坐标形式

工业机器人按臂部关节的种类决定操作臂工作空间的形式，按照臂部关节沿坐标轴的运动形式，即按 P（移动关节）和 R（旋转关节）的不同组合，可将机器人分为直角坐标型、圆柱坐标型、球（极）坐标型、关节坐标型和 SCARA 型 5 种类型。机器人的结构形式由用途决定，依据所完成工作的性质进行选择。

1. 直角坐标型机器人

直角坐标型机器人的外形与数控镗铣床相似，如图 1-3 所示。其 3 个关节都是移动关节（3P），且轴线相互垂直，相当于笛卡儿坐标系的 X 轴、Y 轴和 Z 轴。其优点是刚度好，多做成大型龙门式框架结构，位置精度高，运动学求解简单，控制无耦合；但其结构庞大、动作范围小、灵活性差。因其稳定性好，常用于大负载的搬运。

2. 圆柱坐标型机器人

图 1-4 所示为圆柱坐标型机器人，它有 2 个移动关节（2P）和 1 个转动关节（1R），其工作范围为圆柱形状。其特点是结构简单、占地面积小、位置精度高、运动直观、控制简单、不能抓取靠近机身的物体。

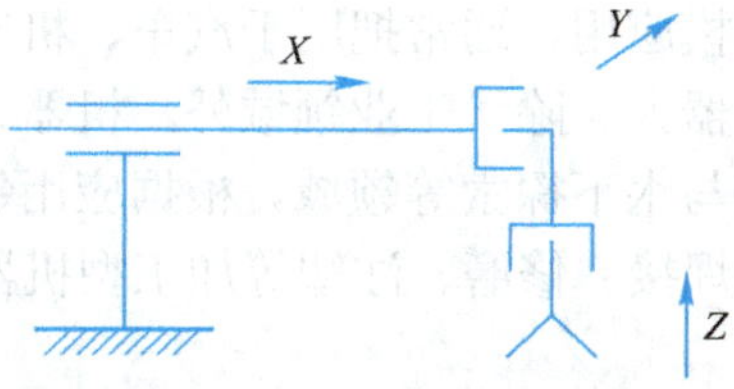

图 1-3　直角坐标型机器人

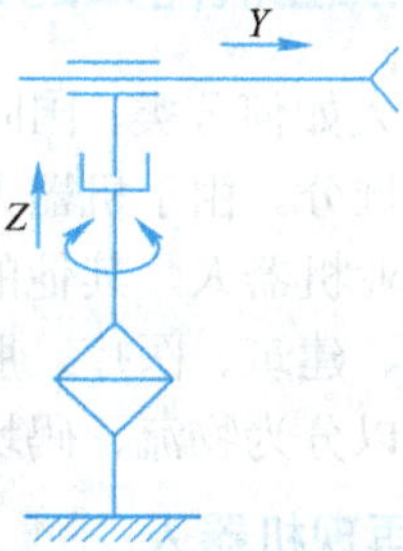

图 1-4　圆柱坐标型机器人

3. 球（极）坐标型机器人

球（极）坐标型机器人具有 1 个移动关节（1P）和 2 个转动关节（2R），其工作范围为球形，如图 1-5 所示。Unimate 机器人是该类机器人的典型代表。其优点是结构紧凑、动作灵活、占地面积小，但其结构复杂、定位精度低、运动直观性差。

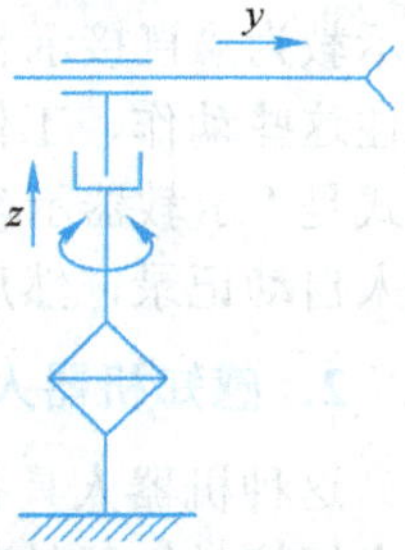

图 1-5　球坐标型机器人

4. 关节坐标型机器人

关节坐标型机器人由立柱、大臂和小臂组成。其具有拟人的机械机构，即大臂与立柱构成肩关节，大臂与小臂构成肘关节；具有 3 个转动关节（3R），可进一步分为 1 个转动关节和 2 个俯仰关节，其工作范围为球形，如图 1-6 所示。该类机器人的特点是工作范围大、动作灵活、能抓取靠近机身的物体；但运动直观性差，难以得到高的定位精度。由于该类机器人灵活性高，因此应用最广泛。PUMA 机器人是该类机器人的典型代表。

5. SCARA 型机器人

SCARA 型机器人（Selective Compliance Assembly Robot Arm）是由日本山梨大学牧野洋教授发明的，它有 3 个转动关节，其轴线相互平行，可在平面内进行定位和定向。其还有一个移动关节，用于完成手爪在垂直于平面的运动，如图 1-7 所示。手腕中心的位置由 2 个转动关节和移动关节的位移 z 来决定，手爪的方向由转动关节的角度决定。该类机器人的特点是在垂直平面内具有很好的刚度，在水平面内具有较好的柔顺性，动作灵活，速度快，定位精度高。例如，Adeptl 型 SCARA 型机器人运动速度可达 10m/s，比一般关节型机器人快数倍。SCARA 型机器人最适合在平面定位、垂直方向进行装配，所以又称为装配机器人。

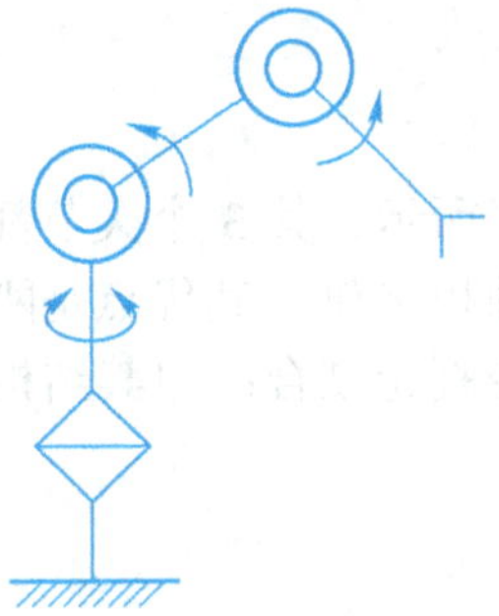

图 1-6 关节坐标型机器人

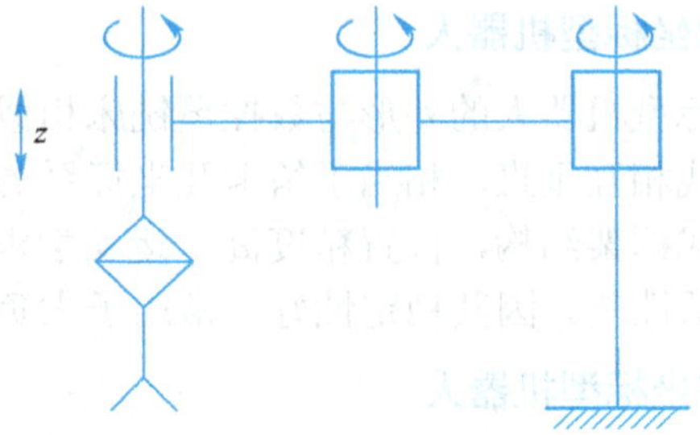

图 1-7 SCARA 型机器人

1.2.3 工业机器人的分类

关于机器人如何分类，国际上没有制定统一的标准，可以按负载重量、控制方式、自由度、结构和应用领域分。由于机器人首先在制造业大规模应用，通常把用于汽车、机床等制造业的机器人称为工业机器人，其他的机器人称为特种机器人。除了工业领域外，机器人技术已经广泛应用于农业、建筑、医疗、服务、娱乐以及空间与水下探索等领域。根据应用领域不同，工业机器人还可以分为物流、码垛等搬运型机器人和焊接、修磨、注塑等加工型机器人。

1. 示教再现机器人

这种类型的机器人能够按照人类预先示教的轨迹、顺序、行为、速度等重复作业。早期的示教为“直接示教”，如操作人员拿起喷漆机器人上的喷枪，沿喷漆路线示范一遍，机器人记住这些动作，工作时自动重复运动，从而完成相应位置的喷涂作业。现在比较普遍的示教方式是“示教器示教”。操作人员使用示教器上的开关、按键来控制机器人一步一步运动，机器人自动记录，然后重复。目前应用在工业现场的机器人大多属于这一种。

2. 感知机器人

这种机器人具备环境感知装置，能在一定程度上适应环境变化。以焊接机器人为例，机器人焊接时按示教路线进行，但不同工件的实际焊接位置会有偏差。这种类型的机器人采用焊缝跟踪技术，通过传感器感知焊缝位置，自动对示教路线进行修正，按实际焊缝位置焊接。使用类似技术的工业机器人应用越来越广泛。

3. 智能机器人

这种机器人具有发现问题，并且能自主解决问题的能力。机器人具有多种传感器，不仅可以感知自身的状态，如所处位置，自身运行状况等，还能够感知外部环境变化。更重要的是，根据获得的信息，进行逻辑推理和判断决策，对机器人自身的运行状态做出调整以适应环境改变。

1.2.4 工业机器人的技术参数

工业机器人的技术参数反映了工业机器人可胜任的工作，所具备的最高操作性能等，是选择、设计和应用机器人时必须考虑的数据。工业机器人的主要技术参数一般有自由度、定位精度、重复定位精度、工作空间、最大工作速度及承载能力等。

1. 自由度

自由度是指机器人所具有的独立运动的坐标轴数目，不包括末端操作的开合自由度。机器人一个自由度对应一个关节，所以自由度和关节数是相等的。自由度是表示机器人动作灵活程度的参数，自由度越多越灵活，但结构越复杂，控制难度越大。所以，机器人的自由度要根据其用途设计，一般为 3～6 个。大于 6 个的自由度称为冗余自由度，冗余自由度增加了机器人的灵活性，可方便机器人躲避障碍物和改善机器人的动力性能，人类的手臂（大臂、小臂、手腕）共 7 个自由度，所以工作起来很灵巧，并可从不同方向到达同一个目的点。

2. 定位精度和重复定位精度

定位精度和重复定位精度是机器人的两个精度指标。定位精度是指机器人末端操作器的实际位置与目标位置的偏差，由机械误差、控制算法误差与系统分辨率等部分组成。重复定位精度是指在同一环境、同一目标动作、同一命令下，机器人连续重复运动若干次时，其位置的分散情况，是关于机器人的统计数据。因重复定位精度不受工作载荷变化的影响，故通常用重复定位精度这一指标作为衡量示教-再现方式工业机器人水平的重要指标。

3. 工作空间

工作空间表示机器人的工作范围，它是指机器人运动时臂部末端或腕部中心所能到达的所有点的集合，也称为工作区域。由于末端操作器的形状和尺寸是多种多样的，其真实地反映了机器人的特征参数，故工作空间是指不安装末端操作器时的工作区域，其空间的大小不仅与机器人各连杆的尺寸有关，而且和机器人的总体结构形式有关。

4. 最大工作速度

生产机器人的厂家不同，其所指的最大工作速度也不同。有的厂家将其认定为工业机器人主要自由度上的最大稳定速度；有的厂家认为是臂部末端的最大合成速度。对于具体的机器人，其最大工作速度通常会在技术参数中加以说明。最大工作速度越高，其工作效率越高。但是，工作速度越高就要花费更多的时间加速或者减速，即对机器人的最大加速度的要求更高。

5. 承载能力

承载能力是指机器人在工作范围内的位姿上所能承受的最大重量。承载能力不仅取决于负载重量，而且与机器人运行速度和加速度的大小和方向有关。为保证安全，将承载能力这一技术指标确定为高速度运行时的承载能力。通常，承载能力不仅指负载重量，而且包括机器人末端操作器的重量。

1.3 创建 RobotStudio 工作站

由于工业机器人系统精密、昂贵、复杂且危险性大，为保证人身和设备安全，初学者操作设备前应该在虚拟机器人上熟悉各项操作。市场占比较高的 ABB、库卡、安川电机、发那科等企业均有自己专属的虚拟机器人软件。RobotStudio 是 ABB 公司的工业机器人仿真和离线编程软件，可以在计算机上生成虚拟的机器人系统。RobotStudio 软件的功能很强大，即使没有真实的机器人也能学习，可以编写一些简单的动作在虚拟示教器或软件里仿真运行，帮助操作人员掌握机器人的操作和程序调试方法。

1.3.1 安装 RobotStudio

1．下载 RobotStudio

打开 ABB 公司中国官方网站 new.abb.com/cn，单击“产品指南”，找到页面中“机器人技术”栏目，单击“软件和数字”→“RobotStudio”，如图 1-8 所示。

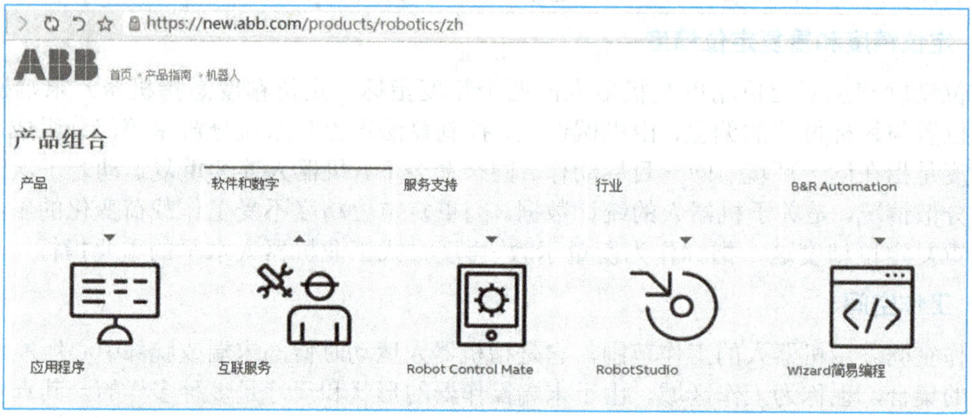

图 1-8 RobotStudio 下载网址

在打开的页面中单击“立即下载”按钮下载软件，下载链接如图 1-9 所示。

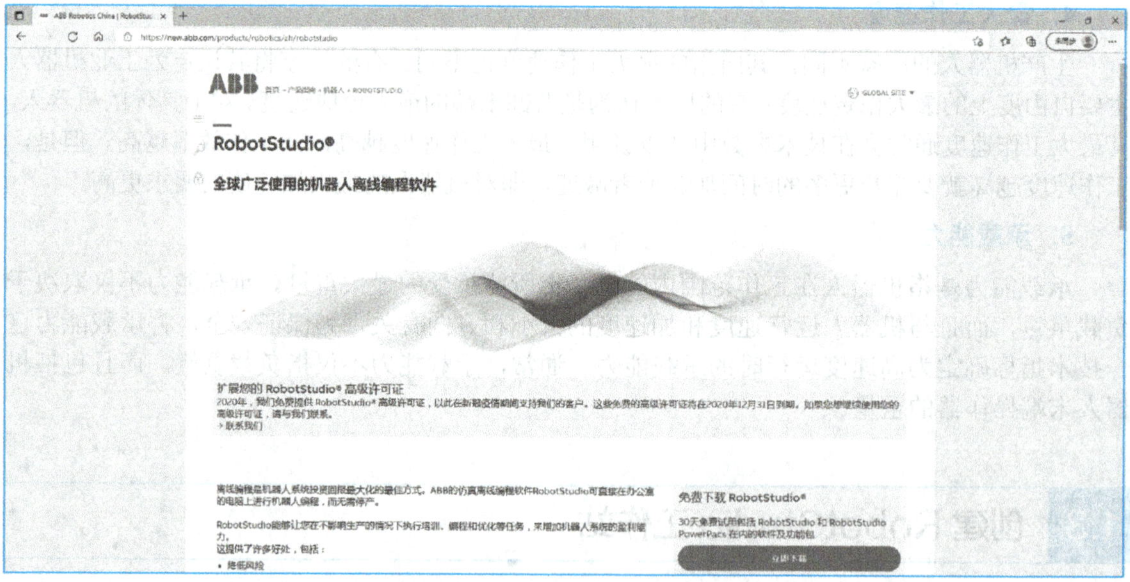

图 1-9 RobotStudio 下载链接

2．安装 RobotStudio

把下载的压缩文件解压后，双击运行其中的“Launch.exe”文件开始安装。选择语言为

“Chinese（PRC）”，然后单击“安装产品”，依次单击“RobotWare”“RobotStudio”进行安装，如图 1-10 所示。

为确保 RobotStudio 能正确流畅地运行，计算机主要系统配置应满足：CPU i5 或以上、内存 4GB 或以上、操作系统 Windows7 或以上，使用高性能显卡。

1.3.2　创建机器人系统

在安装好 RobotStudio 软件后，启动 RobotStudio 建立工作站，建立虚拟的机器人系统，以便练习使用示教器和程序编写。

1. 创建工作站

启动 RobotStudio，单击创建“空工作站解决方案”，如图 1-11 所示。

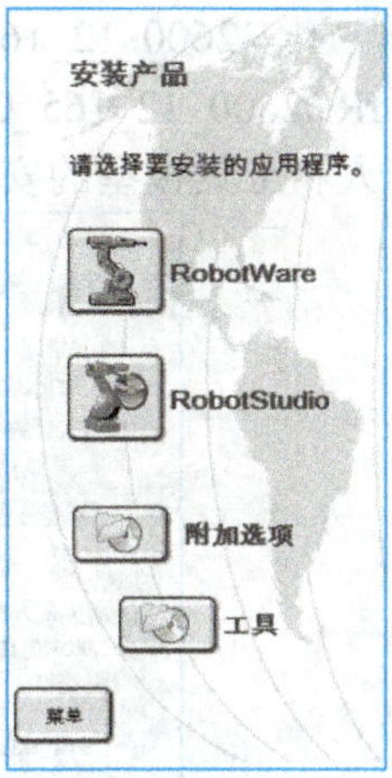

图 1-10　安装RobotStudio

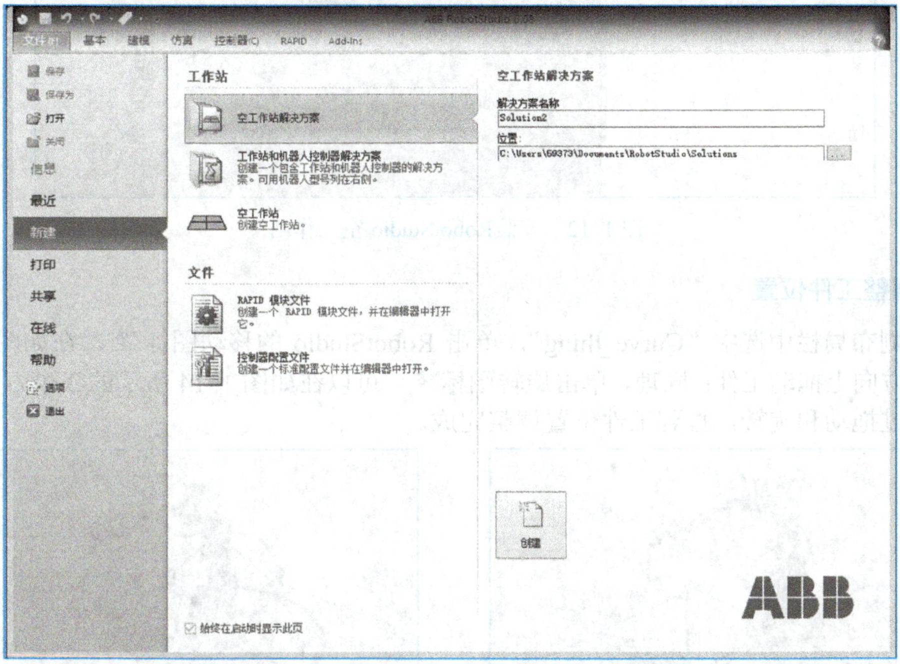

图 1-11　创建RobotStudio 空工作站

2. 导入机器人

单击“基本”菜单下的“ABB 模型库”，选择其中的“IRB 2600”机器人。

3. 添加工具和工件

单击展开“导入模型库”，单击“设备”，单击“Tools”下的“AW_Gun_PSF_25_2”添加工具到左侧布局框，然后单击“Training Objects”下的“Curve Thing”添加工件。

4. 安装工具

右键单击布局框里的“AW_Gun_PSF_25_2”图标，从右键弹出的菜单中选择“安装到”

→“IRB2600_12_165_C_01”，或者单击鼠标左键把“AW_Gun_PSF_25_2”工具拖到“IRB2600_12_165_C_01”上，在弹出的“更新位置”对话框中选择“是”。这样就完成了机器人和工具模型的安装，如图 1-12 所示。

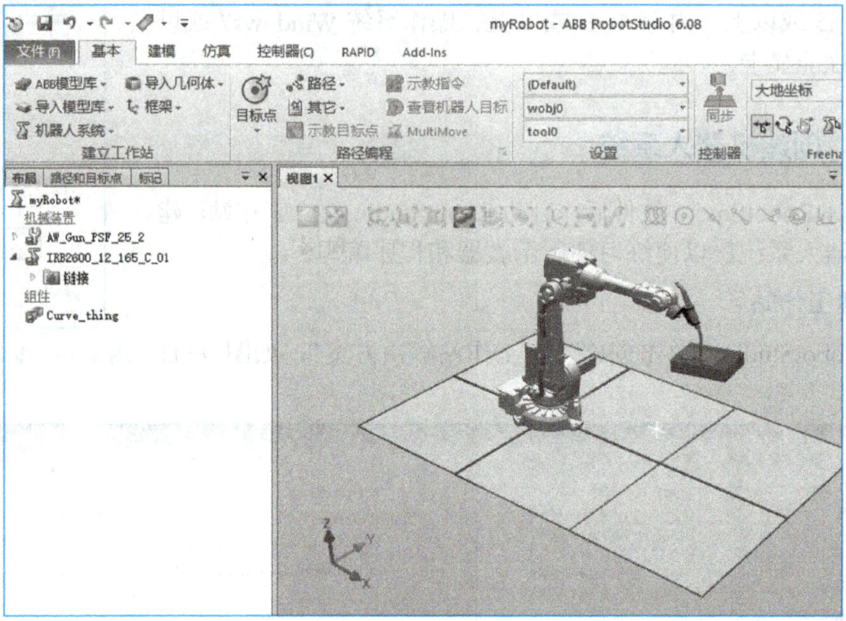

图 1-12 安装RobotStudio 空工作站

5. 调整工件位置

在左侧布局栏中选中“Curve_thing”，单击 RobotStudio 的移动图标，在如图 1-13 所示的 3 个方向上拖动工件；同理，单击旋转图标，可以在如图 1-14 所示的 3 个方向上旋转工件。通过拖动和旋转，直到工件位置调整完成。

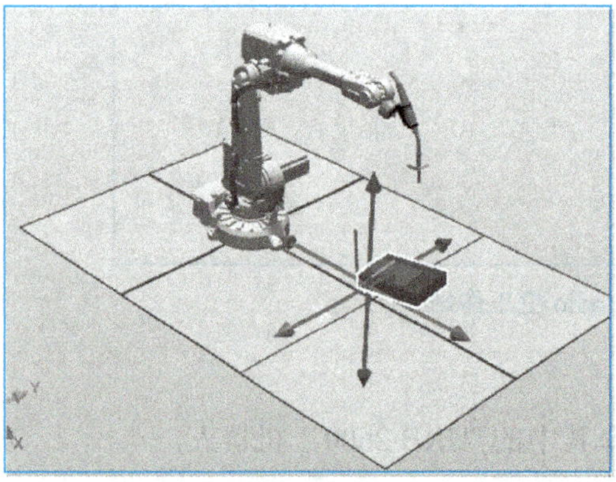

图 1-13 移动工件

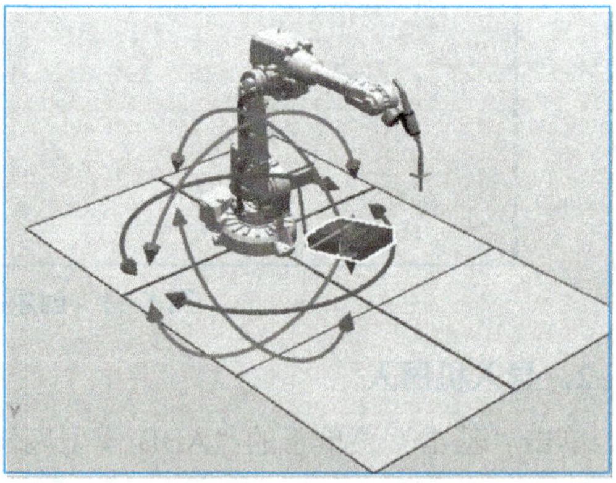

图 1-14 旋转工件

6. 创建机器人系统

单击展开“机器人系统”，单击“从布局...”，在“从布局创建系统”对话框中输入系统名字，如图 1-15 所示。

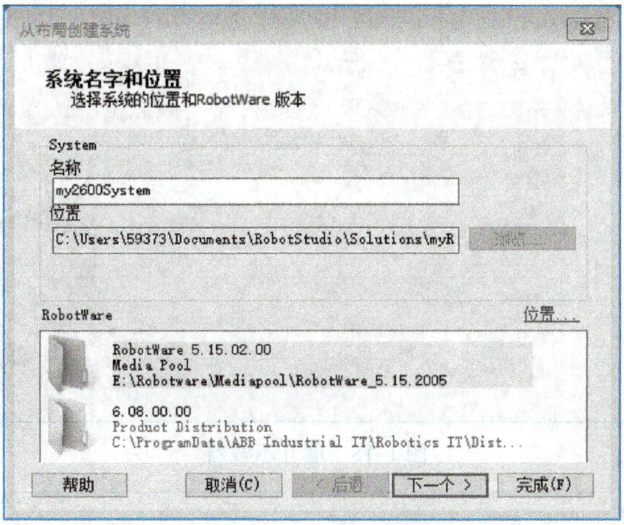

图 1-15　从布局创建系统 1

然后单击“下一个”按钮，直到出现如图 1-16 所示界面，单击“选项...”按钮，在“更改选项”对话框中勾选“644-5”“709-x”“840-2”，支持示教器中文菜单和给机器人系统提供相关硬件支持，如图 1-17 所示。

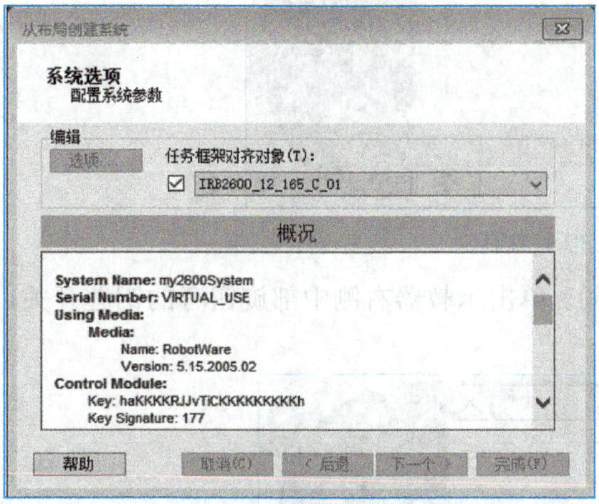

图 1-16　从布局创建系统 2

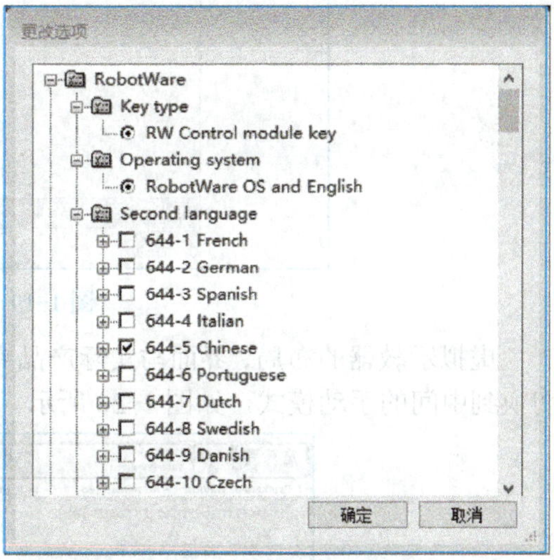

图 1-17　勾选支持选项

接着依次单击“确定”和“完成”按钮完成虚拟系统添加，最后选择“文件”→“保存”，保存系统。

1.3.3　设置示教器中文界面

单击“控制器”菜单，展开“示教器”按钮，如图 1-18 所示。

单击“虚拟示教器”打开示教器界面，如图 1-19 所示。

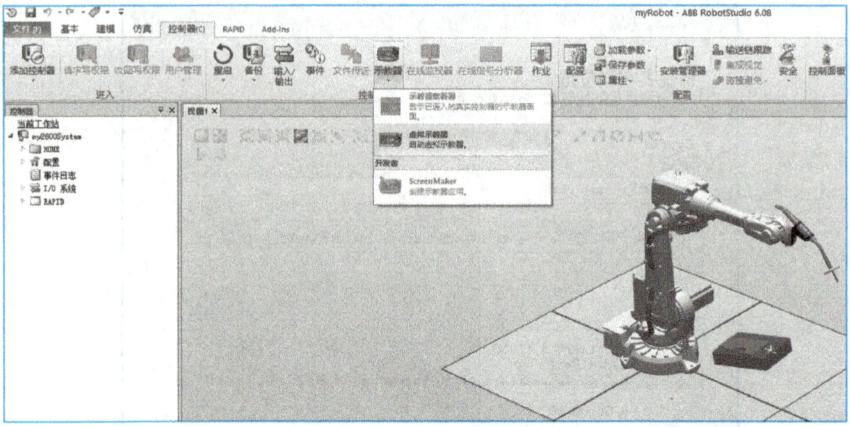

图 1-18　展开示教器

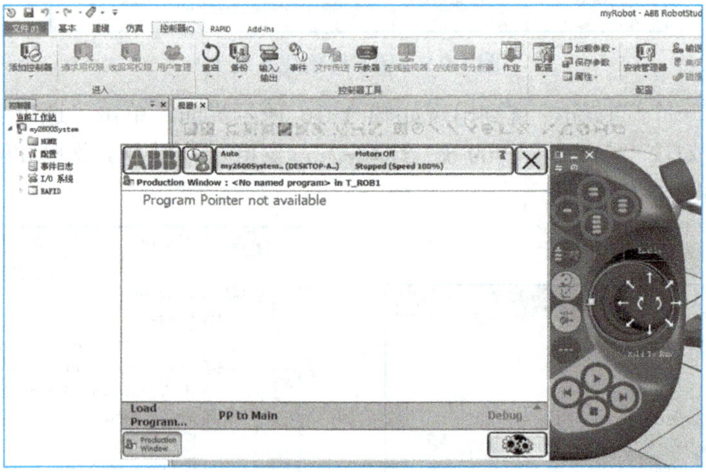

图 1-19　打开虚拟示教器

虚拟示教器的布局、界面与实际产品完全相同。单击示教器右侧中部旋钮旁的钥匙开关，切换到中间的手动模式，如图 1-20 所示。

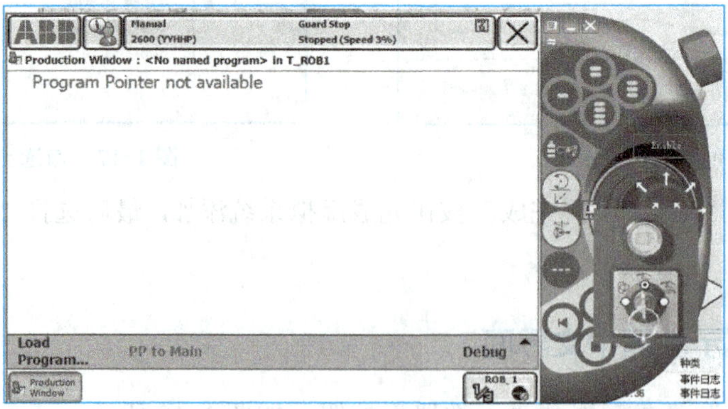

图 1-20　虚拟示教器屏幕

设置虚拟示教器中文界面的方法如下：单击示教器左上方的“ABB”按钮，单击“Control Panel”，单击“Language”，选择“Chinese”，单击“OK”，单击“Yes”确认，如图 1-21 所示。然后重新启动示教器，操作界面就是中文了，如图 1-22 所示。

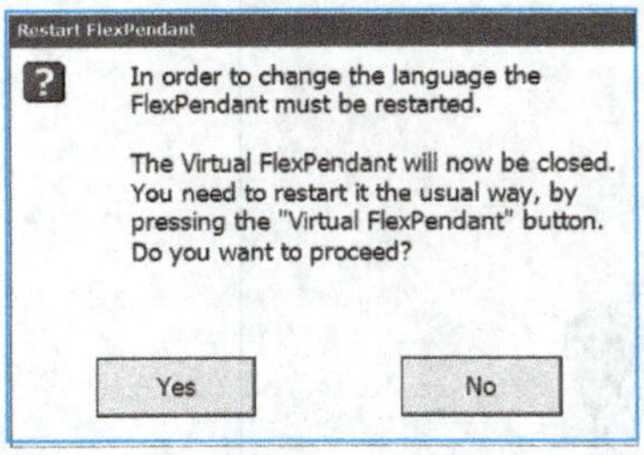

图 1-21　设置虚拟示教器中文界面

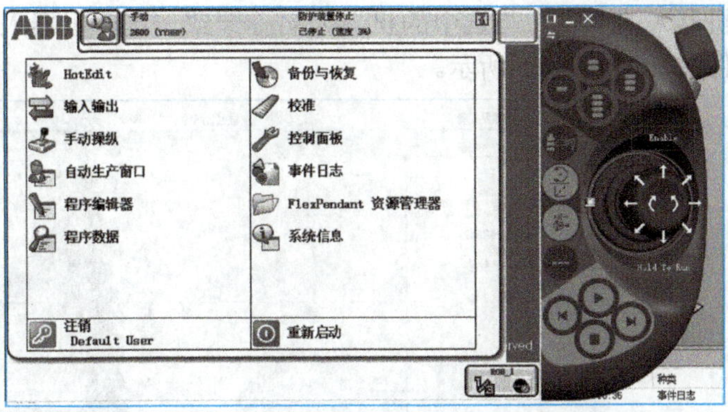

图 1-22　虚拟示教器中文菜单

1.4　创建 InteRobot 工作站

InteRobot 是华中数控（以下简称华数）机器人仿真平台。本节内容主要是根据机器人实际应用场合，正确选择机器人、工具及工件，完成机器人离线工作站的搭建。

1.4.1　导入机器人

1-4-1
InteRobot 基本操作

启动 InteRobot，选择机器人离线编程模块，进入模块后，左边出现导航树，选择工作站导航树。

工作站导航树上默认有工作站根节点及 3 个子节点，子节点分别是机器人组、工作坐标系组和工序组，如图 1-23 所示。

单击机器人组节点，选中该节点，“机器人库”按钮就会变为可用状态。然后单击菜单栏中的“机器人库”按钮，弹出机器人库主界面。机器人库主界面上的列表显示了所有在库的机器人参数，选择需要的机器人，在机器人预览窗口会显示相对应的机器人图片，选中图片后右击，在快捷菜单中选择 “导入”命令，即可实现机器人的导入功能，如图 1-24 所示。

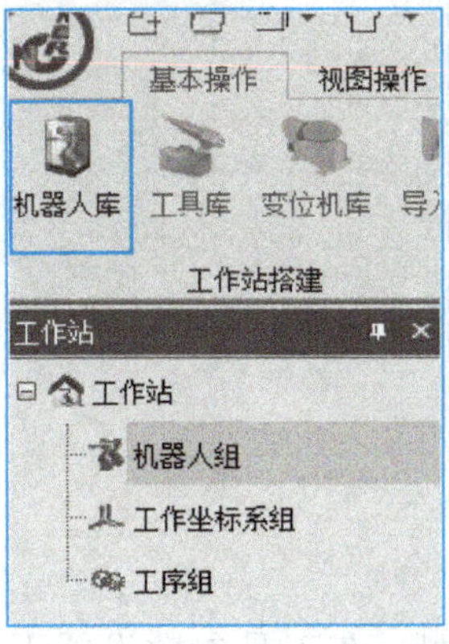

图 1-23　机器人库

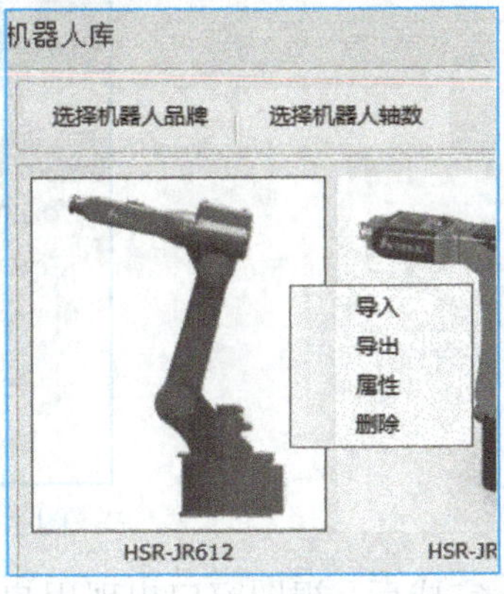

图 1-24　导入机器人操作

导入完成后，视图窗口出现选中的机器人模型，工作站导航树中在机器人组节点下创建了机器人的节点，与选中的机器人名称一致，这样机器人的所有参数信息就导入到当前工程文件中，如图 1-25 所示。

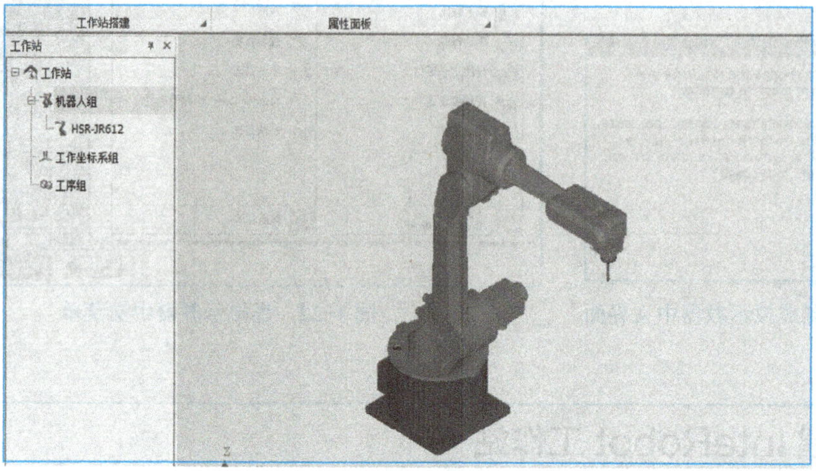

图 1-25 导入机器人模型

1.4.2 导入工具

工具的导入与机器人的导入类似，不同的是，因工具是依附于机器人而存在的，所以工具导入前必须已经导入过机器人。

在工作站导航树中，单击已经导入的机器人节点，选中该节点，“工具库”按钮变为可用状态，然后单击菜单栏中的“工具库”按钮，如图 1-26 所示，弹出机器人工具库主界面。机器人工具库主界面上的列表显示了所有在库的工具参数，选择实际需要的工具，在工具预览窗口会显示相对应的机器人的图片，选中图片后右击，在弹出的快捷菜单中选择“导入”命令，即可实现工具的导入功能，如图 1-27 所示。

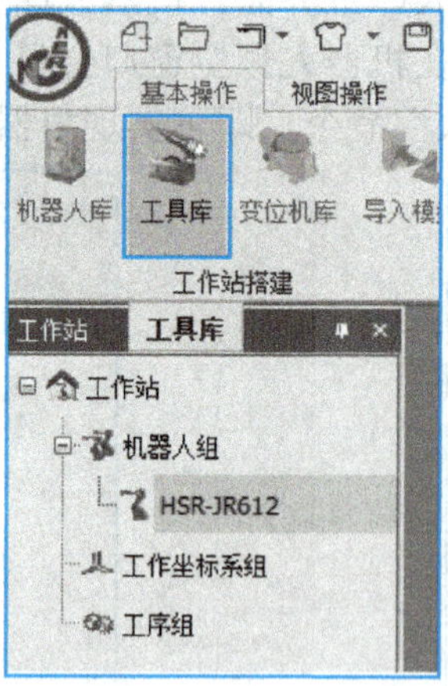

图 1-26 导入工具库

工具导入完成后，视图窗口出现用户选中的工具的模型，在工具参数设置正确的情况下，该工具会自动装到对应机器人第六轴的末端。工作站导航树中在机器人节点下创建了工具的节点，与用户选中的工具名称一致，这样工具的所有参数信息就导入到了当前工程文件中。

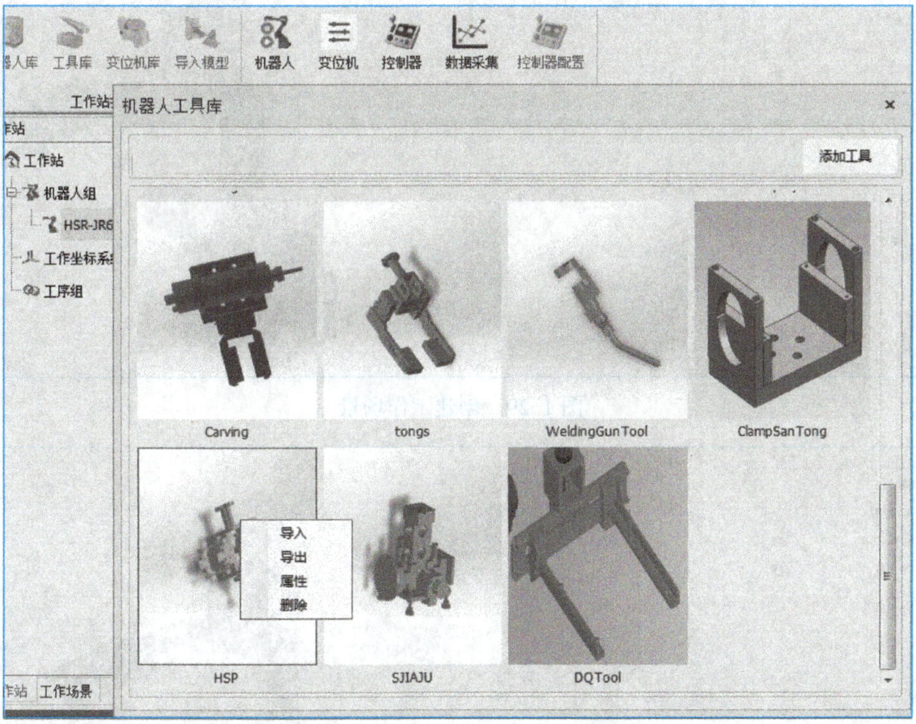

图 1-27　添加工具

1.4.3　导入模型

InteRobot 提供的三维模型格式为“.stp”“.stl”“.step”“igs”4 种标准格式，暂不支持其他格式的三维模型导入。

当需要导入三维模型文件时，将导航栏切换至工作场景导航树，选中工件组节点，此时菜单栏中的“导入模型”按钮变为可用状态，单击“导入模型”按钮，弹出“导入模型”界面，如图 1-28 所示。用户也可以在工件组节点上单击右键来选择导入模型。

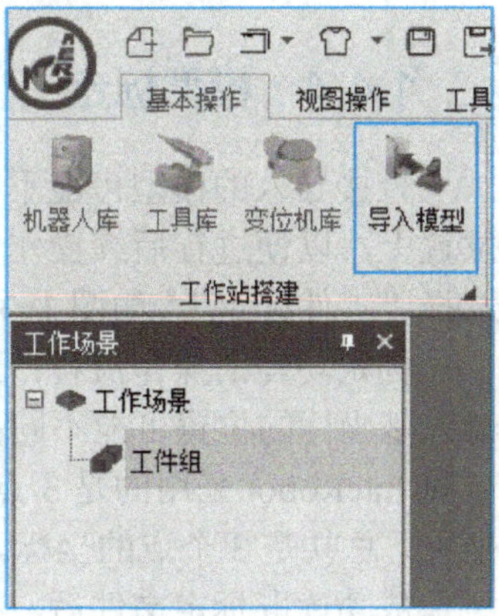

图 1-28　导入模型

图 1-28 所示显示了没有导入工件前，工作场景导航树中只有一个工作场景的根节点，在该节点下有一个工件组子节点。

在导入模型界面设置导入模型的位置、名称及颜色，单击“选择模型”按钮，在文件对话框中选择要导入的模型文件，单击“确定”按钮，就实现了模型的导入。导入后，视图中出现选中的模型文件的三维模型，并且在工作场景导航树的工件组节点下创建了以该工件为名字的子节点，如图 1-29 所示。

InteRobot 支持多个模型的导入功能，重复之前的导入操作，可以继续导入其他模型到工程文件中。如图 1-30 所示，导入了两个模型文件，视图中显示两个模型，在工作场景导航树中工件组节点下有两个模型的子节点。

图 1-29　创建工作场景

图 1-30　导入多个工件

1.4.4　模型标定

直接导入的模型可能不在正确的位置上，此时需要用到标定功能，将模型移动到正确的位置上，以便进行后续操作。在需要标定位置的模型节点上单击右键，在弹出的快捷菜单中选择“工件标定”，如图 1-31 所示，弹出工件标定界面，如图 1-32 所示。

标定功能的操作流程：选取标定机器人，标定是相对于机器人基坐标而言的，不同的机器人基坐标的位置可能不同；单击“读取标定文件”按钮，弹出文件选择框，选取标定文件。目前 InteRobot 采用的是 3 点标定法，标定文件是由 9 个数字组成，每 3 个数字表示一个点的坐标，总共是 3 个点的坐标。标定文件实际就是用户想要选中的 3 点在基坐标中的实际位置，

成功读取标定文件后，在标定界面的 9 个编辑框中会显示相应的数值。用户也可以选择不读取标定文件，直接在编辑框中输入 3 个点在基坐标中的实际位置。

标定后的位置设置好后，可以选择 3 个点，分别单击“选择 P1”“选择 P2”“选择 P3”按钮，在视图中选中标定的 3 个点，选择过程中要注意与设置的标定数据一一对应。单击“确定”按钮即可完成模型的标定，模型便移动到了指定的位置。图 1-33 所示为标定后视图中的

显示状态。

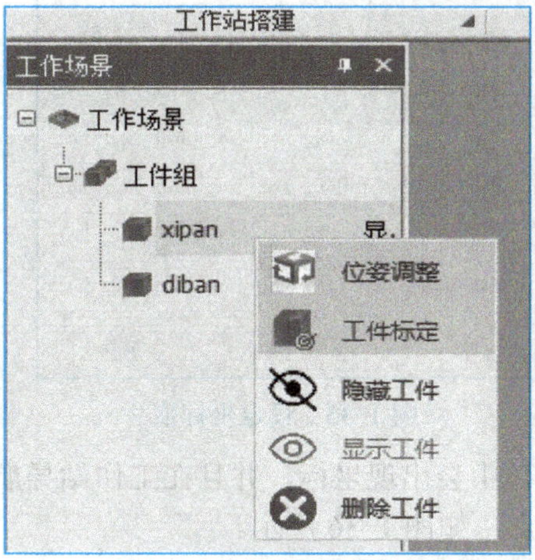

图 1-31　工件标定

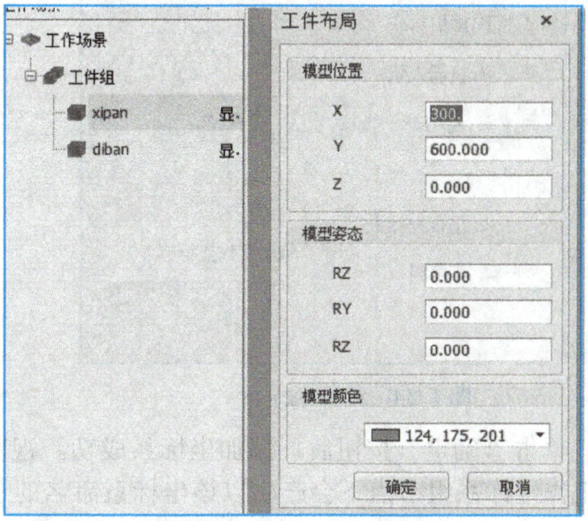

图 1-32　工件标定界面

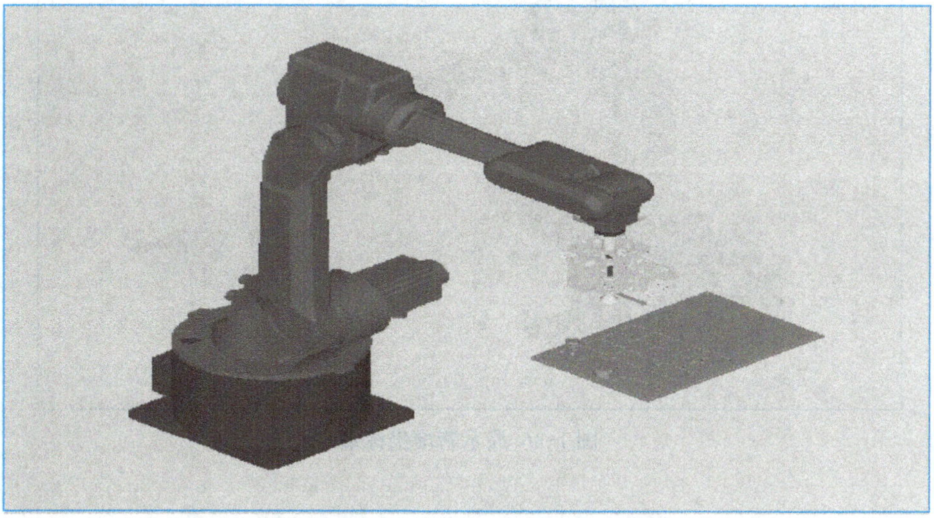
图 1-33　调整后显示状态

1.4.5　添加工具坐标系

InteRobot 支持用户在工程文件中添加坐标系，添加的坐标系在后续的操作中可以使用。如图 1-34 所示，在工作站导航树中，选中工作坐标系组后再单击右键出现“添加工作坐标系”按钮，单击该按钮，弹出添加工作坐标系界面。

图 1-35 所示为添加工作坐标系界面，默认的坐标系原点是(0，0，0)，与基坐标一致。先选择当前机器人，可以单击左上角的“选原点”按钮，然后从视图中用鼠标选中某一点作为坐标系的原点，也可以修改位置文本框中对应的“X”“Y”“Z”数值来改变坐标系的值。坐标系姿态可以通过“RX”“RY”“RZ”3 个姿态文本框中的参数进行设置。

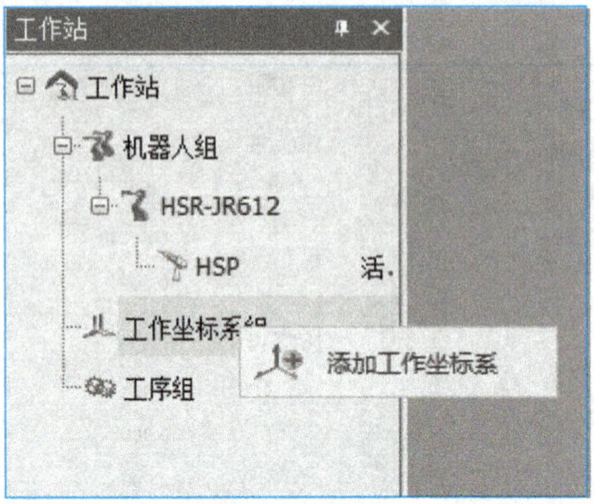

图 1-34 添加坐标系

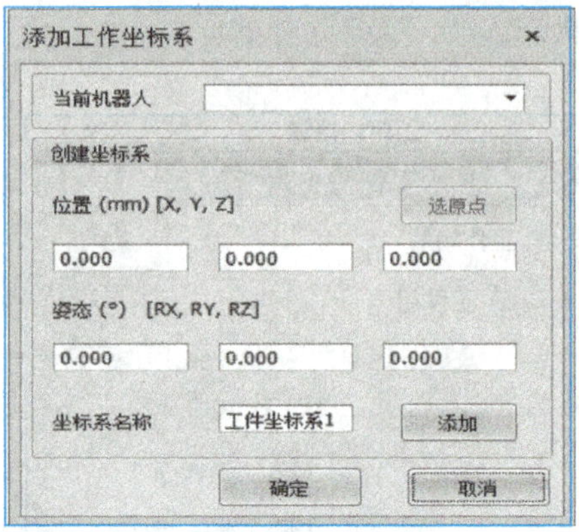

图 1-35 设定坐标值

单击“确定”按钮后，添加坐标系成功。视图窗口中会出现坐标，并且在工作站导航树的工作坐标系组节点下会产生以该坐标系命名的子节点，如图 1-36 所示。

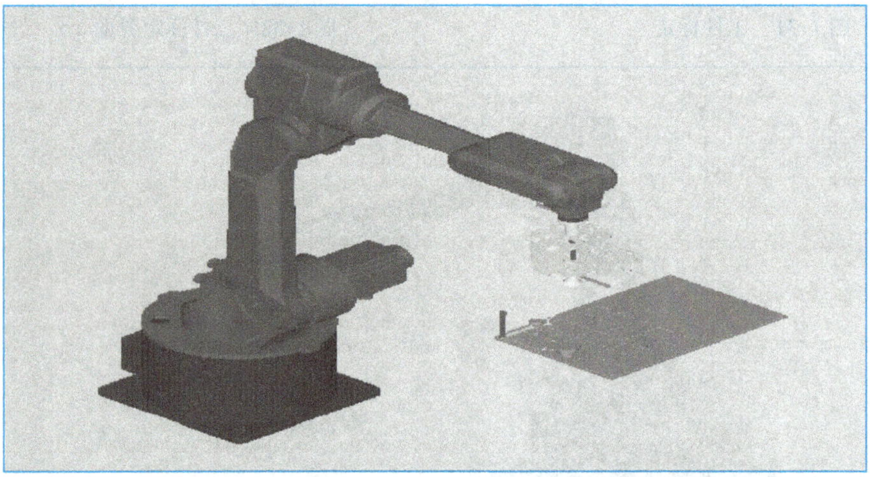

图 1-36 显示新增坐标系

知识、技能归纳

了解工业机器人在各工业领域的应用及发展状况，了解工业机器人的分类及应用，通过“三大部分六个系统”来认识工业机器人的组成和工作原理，了解 ABB 的企业和主要工业机器人产品，认识国内外其他知名品牌的工业机器人，如 FANUC、KUKA、安川、三菱、新松、华中数控等工业机器人产品。

工程素质培养

① 下载并安装 RobotStudio 和 InteRobot 仿真学习软件，熟悉软件的基本功能。

② 设定示教器语言为中文，为机器人设定一个正确的时间，查看机器人的信息提示。

第 2 章 工业机器人基本操作

2.1 认识示教器

示教器也称示教编程器，主要由液晶屏幕和操作按键组成，可由操作者手持移动，是机器人的人机交互接口。工业机器人的所有操作基本上都可以通过示教器来完成，如点动机器人，编写、调试和运行机器人程序，设置、查询机器人状态等。

2.1.1 示教器外部结构

图 2-1 所示是 ABB 机器人示教器，其中 A 是示教器与控制柜之间的连接电缆，B 是触摸屏，C 是急停开关，D 是手动操纵杆，E 是数据备份与恢复用 USB 接口（可插 U 盘/移动硬盘等存储设备），F 是使能按钮，H 和 G 分别是复位按钮和触摸屏用笔。使能按钮是为保证操作人员人身安全而设计的。

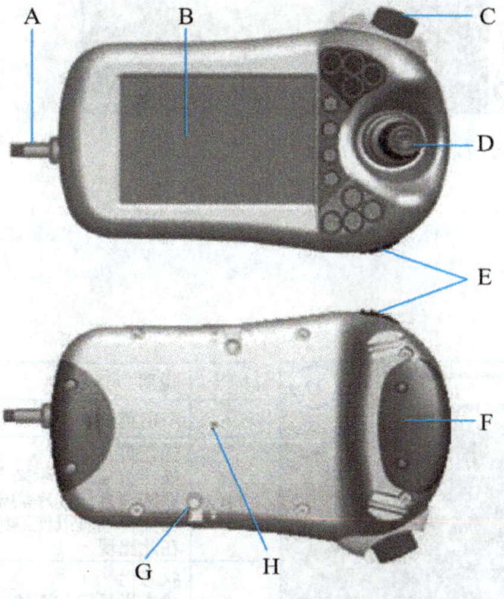

A 连接电缆
B 触摸屏
C 急停开关
D 手动操纵杆
E 数据备份与恢复用USB接口
F 使能按钮
H 复位按钮
G 触摸屏用笔

图 2-1 ABB 机器人示教器外观

2.1.2 示教器按键

示教器上有 12 个专用的按键，可以将部分常用的功能指定到 4 个可编程的预设按键，示教器上各按键功能如图 2-2 所示。

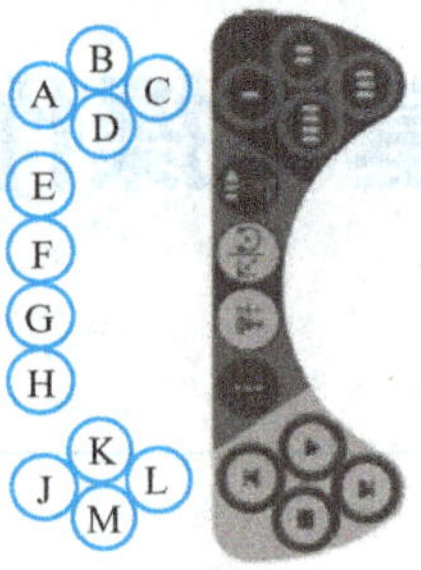

标号	说明
A~D	预设按键，1~4
E	选择机械单元
F	切换运动模式，重定向或线性
G	切换运动模式，轴1~3或轴4~6
H	切换增量
J	步退按键。按下此按键，可使程序后退至上一条指令
K	启动按键。开始执行程序
L	步进按键。按下此按键，可使程序前进至下一条指令
M	停止按键。停止程序执行

图 2-2　示教器按键功能

2.1.3　手持示教器的方法

示教器按照人体工程学设计，左手握住示教器，右手操作。如果是左撇子，可以在示教器中进行切换以适应左撇子的操作习惯，如图 2-3 所示。

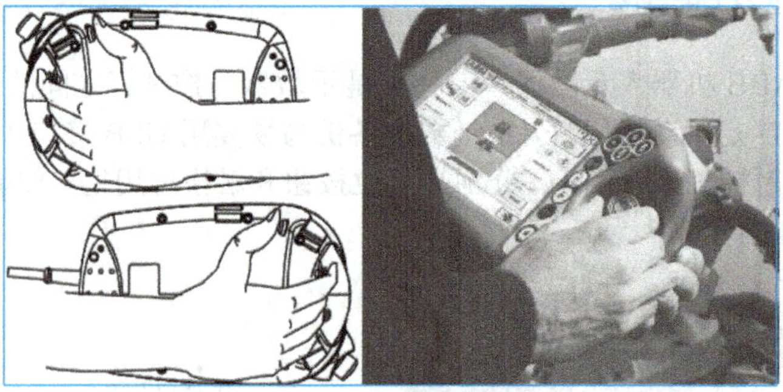

图 2-3　示教器手持方法

2.1.4　示教器屏幕主界面

示教器的主界面及说明如图 2-4 所示。

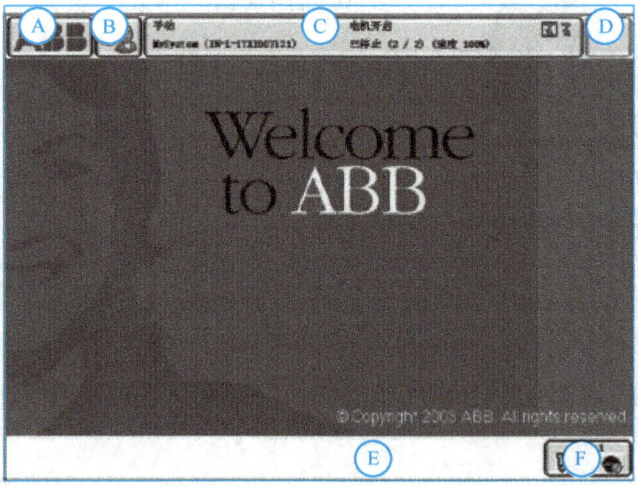

标号	说明
A	ABB菜单
B	操作员窗口 操作员窗口显示来自机器人程序的消息。程序需要操作员做出某种响应以便继续时往往会在此出现
C	状态栏 状态栏显示与系统状态有关的重要信息，如操作模式、电机开启/关闭、程序状态等
D	关闭按钮 单击关闭按钮将关闭当前打开的视图或应用程序
E	任务栏 通过ABB菜单，可以打开多个视图，但一次只能操作一个。任务栏显示所有打开的视图，并可用于视图切换
F	快速设置菜单 包含对微动控制和程序执行进行的设置

图 2-4　示教器屏幕区域功能

2.1.5 正确使用使能按钮

使能按钮位于示教器摇杆的右侧，操作者应用左手手指操作。使能按钮分为两档，在手动状态下第一档按下后机器人将处于电动机开启状态。只有使能按钮被按下并保持在“电动机开启”状态才可以对机器人进行手动操作和程序调试。第二档按下时机器人会处于防护停止状态。当发生危险时，人本能地将使能按钮松开或按紧，这两种情况下机器都会立刻停止，保证人身与设备的安全，如图 2-5 所示。

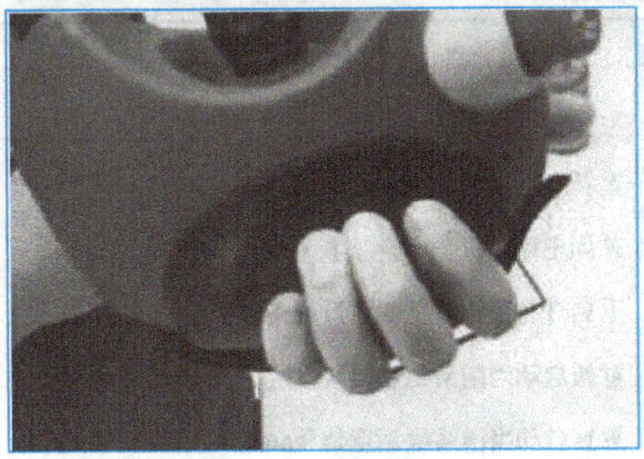

图 2-5 示教器使能按钮

2.2 机器人系统基本操作

2.2.1 机器人开关与启动

1. 机器人开机

机器人系统的电源总开关、急停按钮、通电/复位按钮和机器人状态开关都位于控制柜上，按下电源总开关即可开机，如图 2-6 所示。

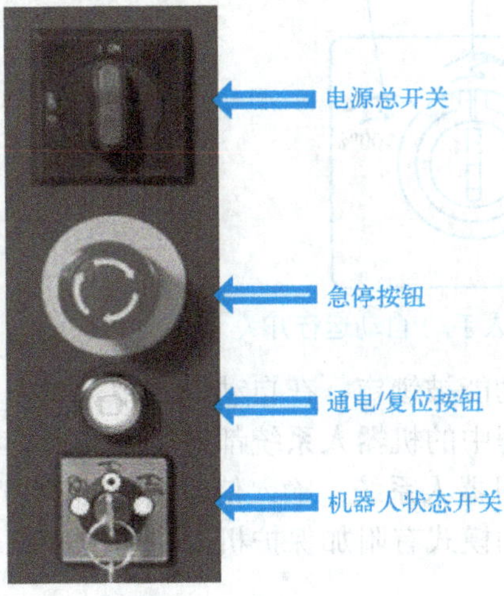

图 2-6 机器人控制开关

2-2-1
操作盘基础演示

2. 重启与关闭

单击示教器左上角ABB按钮，单击 重新启动，然后单击“热启动”，即可重新启动机器人。如果在单击“重新启动”后的界面单击“高级…”按钮，则进入如图 2-7 所示界面，可按需要选择各选项。待示教器上机器人系统关闭后，就可以关闭控制柜上的电源开关。

需要注意的是，为保证设备安全，关机后再次开启电源需要等待 2min。

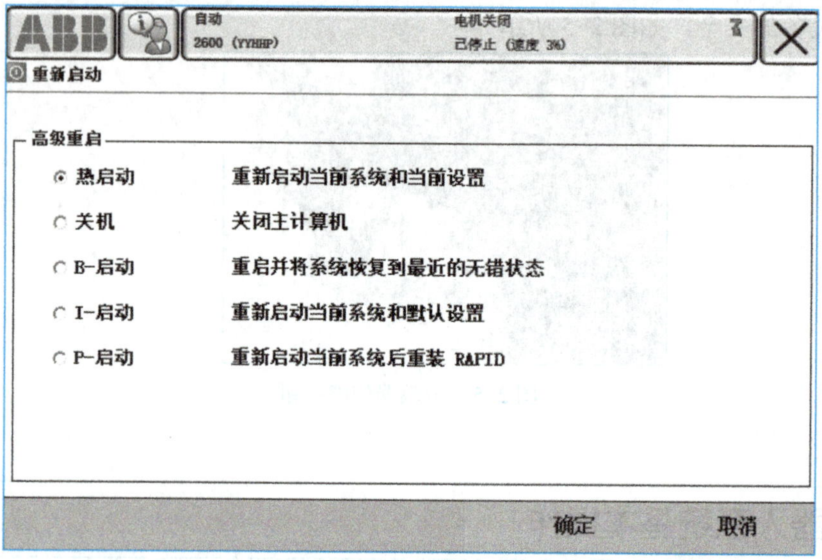

图 2-7 重启机器人

2.2.2 切换机器人工作模式

在机器人系统控制柜上有机器人状态开关，可以切换机器人的工作状态，机器人手动/自动运行开关如图 2-8 所示。

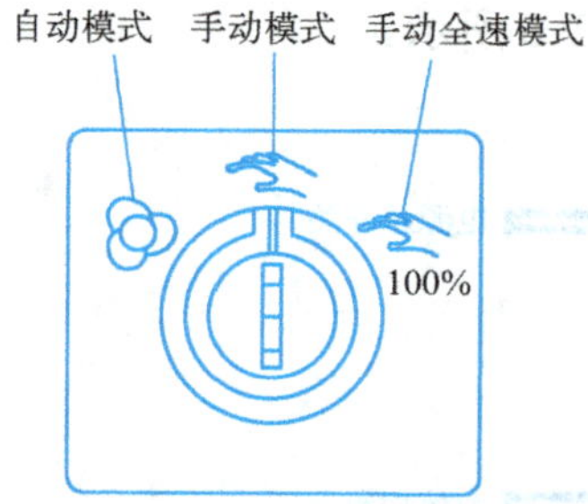

图 2-8 机器人手动/自动运行开关

自动模式：用于正式生产，编辑程序功能被锁定。在自动模式下，机器人可以在没有人工干预的情况下进行移动。通常，生产过程中的机器人系统都是运行在自动模式下。此种模式下，通过使用 I/O 信号等方式远程控制机器人系统。输入信号用来启动和停止 RAPID 程序，输出信号用来启动机器人电动机。自动模式有附加保护机制，可以确保安全，而手动模式则没有。

手动模式：也叫手动减速模式，简称手动模式，常用于创建机器人程序和调试机器人系统。在手动模式下，需要按下使能按钮才能启动机器人电动机，机器人只能减速移动，速度通常为 250mm/s。只要操作者在安全保护空间之内工作，就应以手动速度进行操作。

手动全速模式：在此模式下，机器人可全速运行，常用于测试程序。手动全速模式只能用于所有人员都位于安全保护空间之外时，且操作人员须经过训练，知晓潜在的危险。

机器人状态开关原本位于控制柜上，在 RobotStudio 的虚拟示教器中，状态开关位于摇杆右侧，如图 2-9 所示。

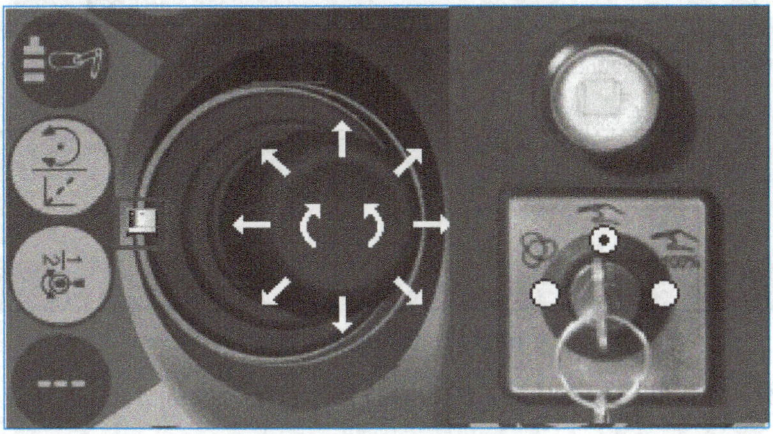

图 2-9　示教器的状态开关

如图 2-10 所示为机器人状态显示。当状态开关切换到某一位置时，在示教器状态显示界面会相应地显示该模式。

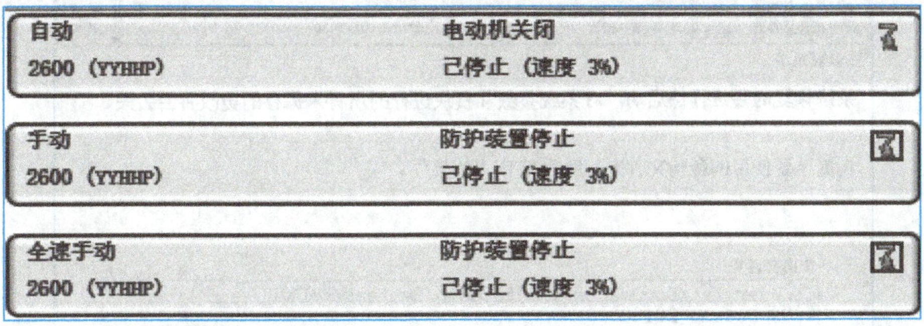

图 2-10　机器人工作状态

2.2.3　机器人系统的备份与恢复

机器人数据备份是对所有正在系统内存运行的 RAPID 程序和系统参数进行保存。当机器人出现数据错乱或在重新安装系统后，可快速地将备份好的数据恢复到机器人系统中，通过备份数据可以在短时间内让机器人恢复到备份前的工作状态。

2-2-3
备份与恢复

1. 备份

单击 ABB 按钮，选择“备份与恢复”，单击“备份当前系统”按钮，如图 2-11 所示。

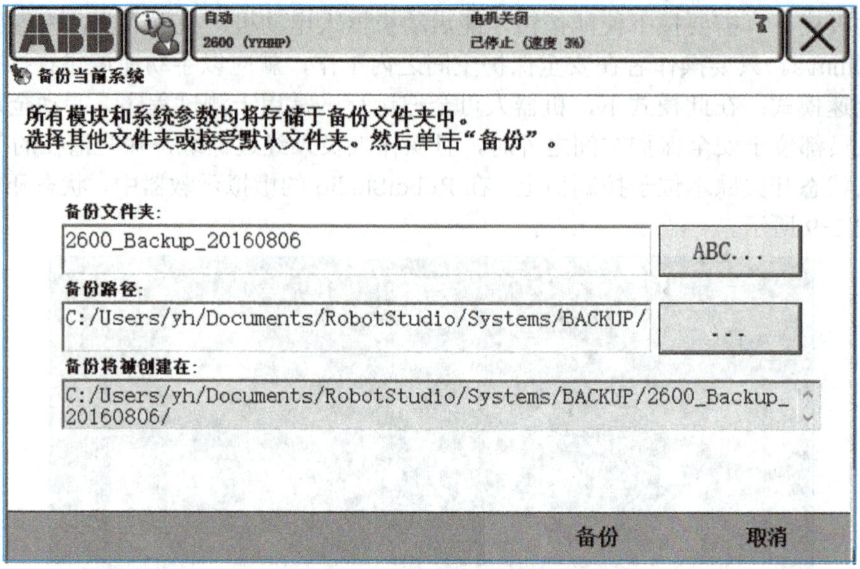

图 2-11 备份机器人数据

确定了备份文件夹和备份路径后，单击“备份”按钮完成备份。

2. 恢复

单击 ABB 按钮，选择 备份与恢复，单击 恢复系统... 按钮，进入恢复界面，如图 2-12 所示。

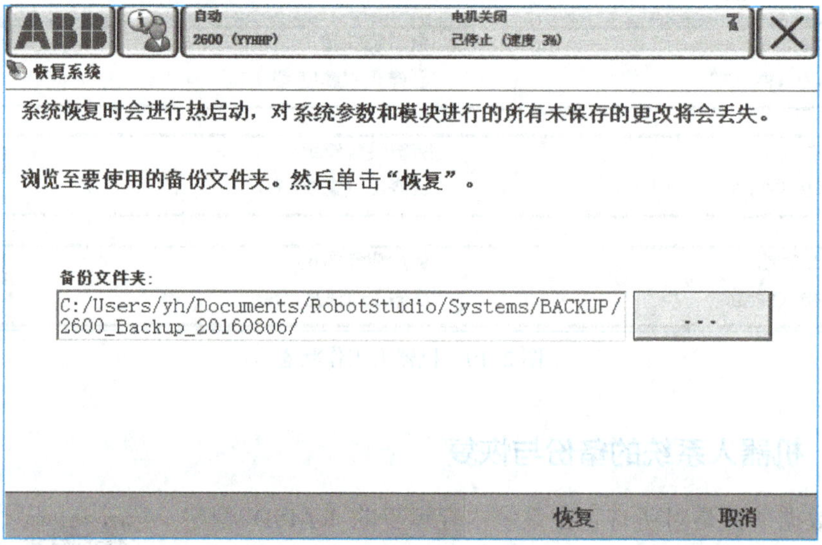

图 2-12 恢复机器人数据

选择要使用的备份文件夹后，单击“恢复”按钮即可恢复机器人系统。

2.2.4 设置系统日期时间

为了方便文件的管理和信息查询，在操作前需要将机器人系统的时间设置为本地时间，具体操作如下：单击ABB按钮，选择控制面板，单击日期和时间按钮，进入如图 2-13 所示界面。在此界面设置日期时间，然后单击“确定”按钮，完成设定。

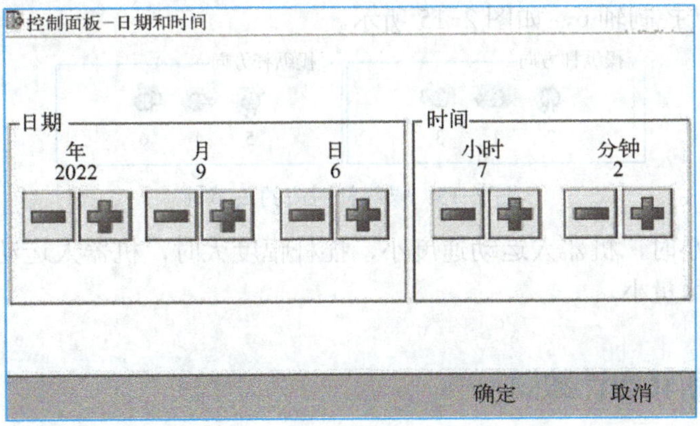

图 2-13　设置日期时间

2.3　工业机器人的手动操纵方式

手动操纵工业机器人的方式有 3 种：单轴运动、线性运动和重定位运动。

2.3.1　单轴运动

通常，机器人由 6 个伺服电动机分别驱动机器人的 6 个关节轴，每次手动操纵 1 个关节轴的运动，称为单轴运动，如图 2-14 所示。

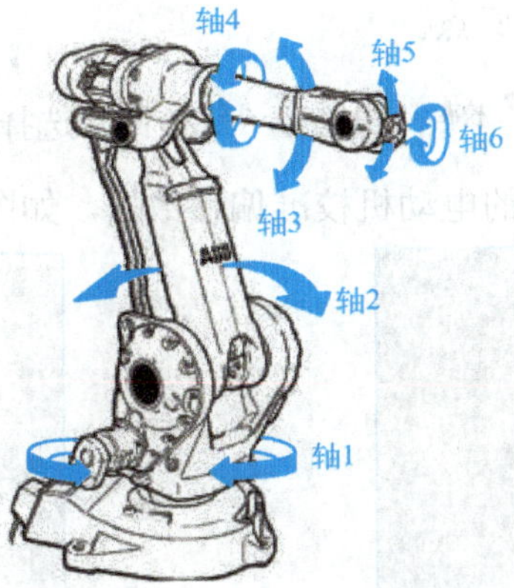

图 2-14　机器人的关节轴

将机器人状态开关切换到中间的手动模式，在示教器状态栏上会显示机器人状态为“手动”。单击ABB按钮，选择手动操纵，单击“动作模式”按钮，选择轴 1－3，然后单击“确定”按钮。接着按下使能按钮，操作摇杆上下控制轴 2、左右控制轴 1、旋转控制轴 3，如图 2-15 所示。

同样的，在单击“动作模式”按钮后选择，按下使能按钮后，操作摇杆上下控制轴 5、左右控制轴 4、旋转控制轴 6，如图 2-15 所示。

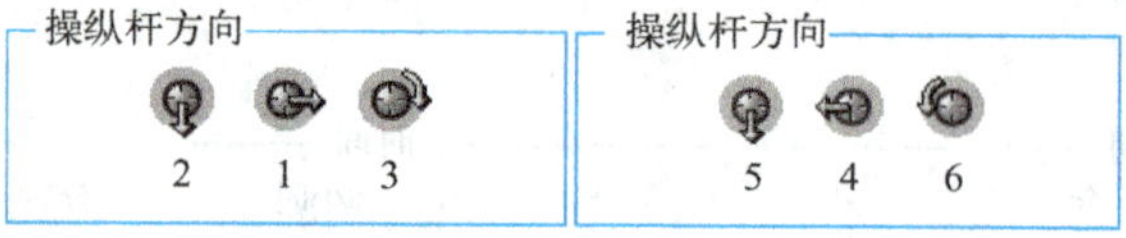

图 2-15 操纵杆对应的关节轴

操作摇杆幅度小时，机器人运动速度小，摇杆幅度大时，机器人运动速度大，初学者操作摇杆时幅度应该尽量小。

2.3.2 更新转数计数器

工业机器人内部有用电池供电的转数计数器，其作用是记录各个轴的数据，保证机器人正确移动到程序设定或指定的坐标位置。ABB 机器人 6 个关节轴都有一个机械原点，在以下情况发生时，需要对机械原点位置进行转数计数器更新操作。

2-3-2 校准

✧ 更换伺服电动机转数计数器电池后。

✧ 当转数计数器发生故障修复后。

✧ 转数计数器与测量板断开后。

✧ 断电后，机器人关节轴发生了移动。

✧ 当系统报警提示“10036 转数计数器未更新”时。

更新操作的步骤如下：

1）使用前面介绍的“单轴运动”操作方法，按 4→5→6→1→2→3 的顺序操纵机器人的关节轴运动到机械原点位置；每轴的机械原点在机器人上都有显著标识，容易识别。如图 2-16 为机器人第 4 轴的机械原点。

2）单击 ABB 按钮，选择 校准，单击 ROB_1 按钮，选择 校准 参数，单击 编辑电机校准偏移... 按钮。

3）查看机器人本体铭牌上的电动机校准偏移数据，如图 2-17 所示。

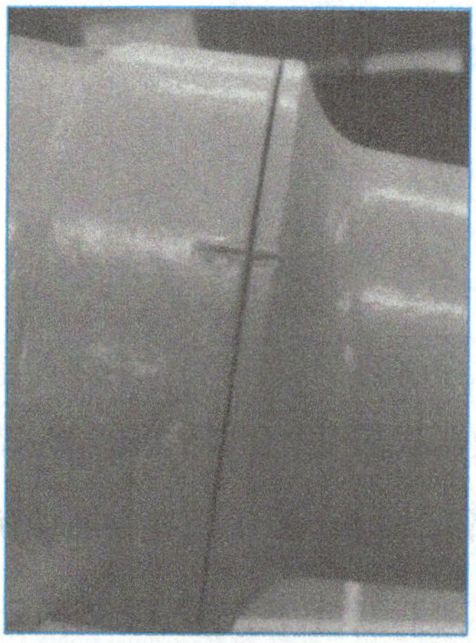

图 2-16 机器人第 4 轴机械原点

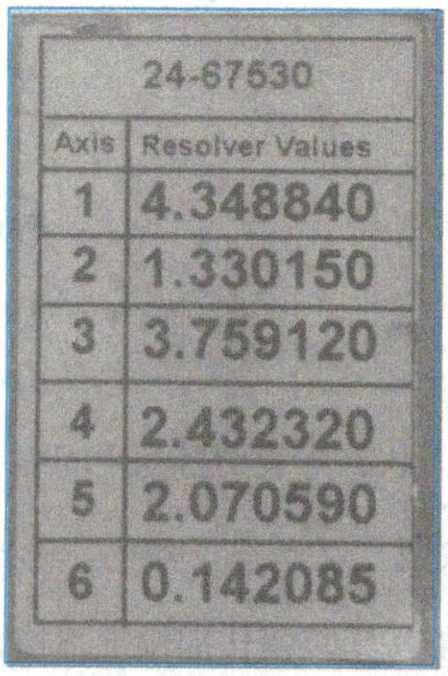

图 2-17 机器人各轴电动机校准偏移数据

4）输入校准偏移数据，单击“确定”按钮，然后按提示信息重启控制器，如图 2-18 所示。

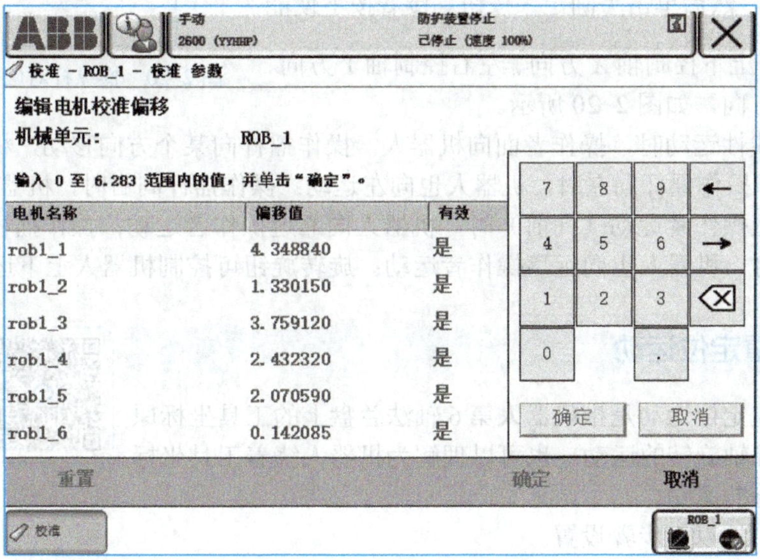

图 2-18　输入校准数据

5）单击 ABB 按钮，选择“校准”，单击 ROB_1 按钮，选择“转数计数器”，单击“更新转数计数器…”按钮，单击“是”按钮，进入如图 2-19 所示界面。单击“全选”按钮，然后单击“更新”按钮就完成转数计数器的更新操作。

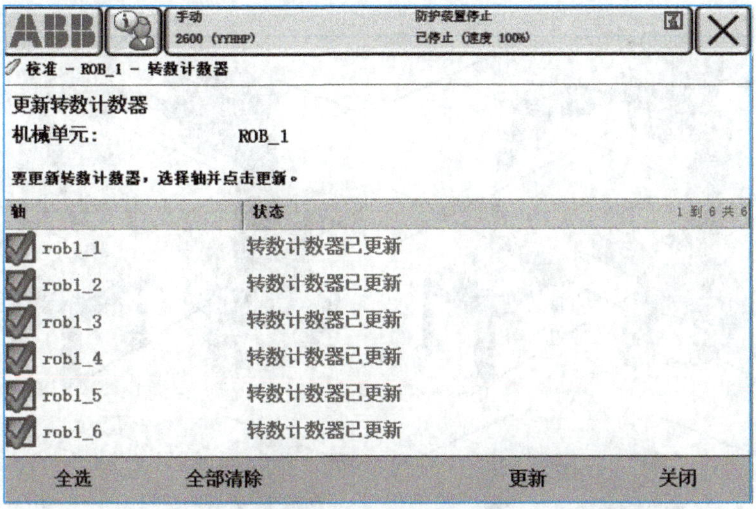

图 2-19　更新转数计数器

2.3.3　线性运动

2-3-3 示教器演示

机器人的线性运动是指安装在机器人第 6 轴法兰盘上的工具在空间做直线运动。在示教器中按以下步骤设置。

单击ABB按钮，选择手动操纵，单击“动作模式”按钮，选择线性，然后单击“确定”按钮。接着按下使能按钮，操作摇杆上下控制轴 X 方向、左右控制轴 Y 方向、旋转控制轴 Z 方向，如图 2-20 所示。

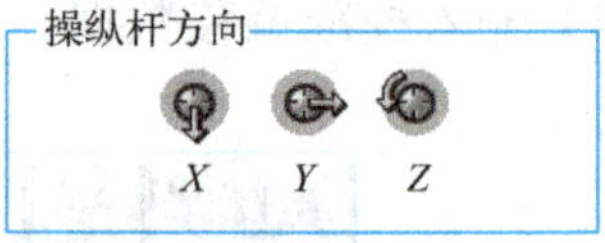

图 2-20 操纵杆对应的线性运动方向

机器人做线性运动时，操作者面向机器人，操作摇杆向某个方向移动，机器人也向相应的方向运动。即操作摇杆向左时，机器人也向左运动；操作摇杆向右时，机器人也向右运动；操作摇杆向靠近操作者运动（向前）时，机器人向靠近操作者运动；操作摇杆向远离操作者运动（向后）时，机器人也向远离操作者运动；旋转旋钮可控制机器人上下运动。

2.3.4 重定位运动

2-3-4 操作盘结果演示

机器人的重定位运动是指机器人第 6 轴法兰盘上的工具坐标原点在空间绕坐标轴旋转的运动。也可以理解为机器人绕着工具坐标原点做姿态调整的运动。

在示教器中按以下步骤设置。

单击ABB按钮，选择手动操纵，单击“动作模式”按钮，选择重定位；坐标系选择工具，然后单击“确定”按钮。接着按下使能按钮，操作摇杆上下、左右和旋转运动，机器人自动调整各个轴使其绕固定点旋转，如图 2-21 所示。

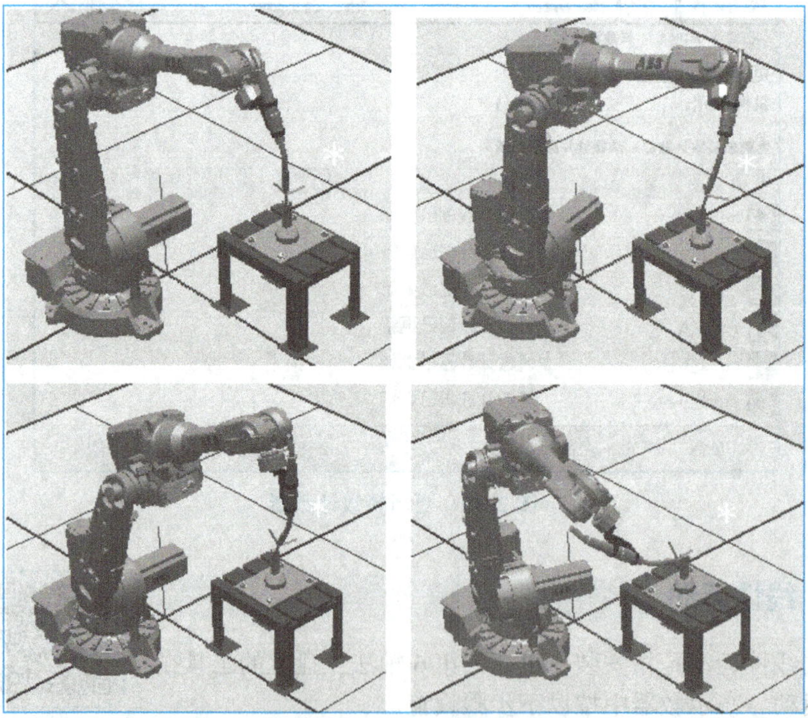

图 2-21 机器人重定位运动

在执行重定位运动前，需要先设定 tooldata，可参考后面章节相关内容。

2-3-5 快捷设置

2.3.5 快捷操作与增量设置

由于手动操纵机器人执行单轴运动、线性运动和重定位运动在程序编写和调试中应用广泛，如果每次都通过菜单操作，比较烦琐。示教器提供了快捷按键和快捷菜单简化操作步骤。

1. 快捷按键

图 2-22 是示教器上的快捷操作键。

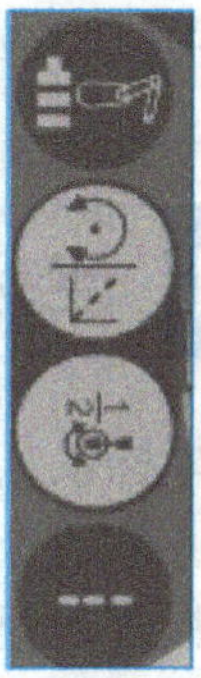

图 2-22 快捷操作键

键用于执行机器人和外轴之间的切换。当按下此键后，会在机器人和外轴运动之间切换。

键用于切换线性运动和重定位运动。当按下此键后，在示教器屏幕右下方显示，表示当前执行线性运动；表示执行重定位运动。

键用于执行单轴运动时选择操作 1～3 轴或 4～6 轴。当按下此键后，会在示教器屏幕右下方显示或，提示当前可操纵的轴。

键是增量开关，按下此键可以打开或关闭增量模式。在增量模式下，操作摇杆每移动一次，机器人就移动一步。如果操作摇杆持续移动 1s 或数秒，机器人就会持续移动。在对摇杆操作机器人不太熟悉的情况下或需要微动控制时，可以打开增量模式，控制机器人运动速度以保证安全。增量模式有几种档位，如图 2-23 所示，可根据实际情况设置。

图 2-23 速度增量按钮

2. 快捷菜单

单击示教器屏幕右下方的快捷菜单按钮，单击“<<显示详情”，出现如图 2-24 所示界面。

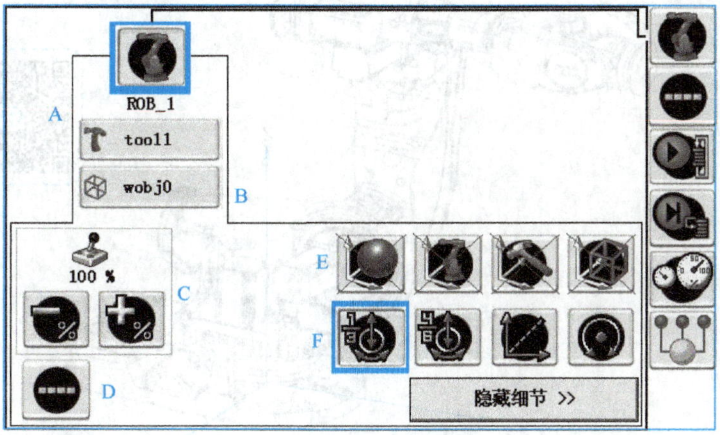

图 2-24 机器人运行模式快捷菜单

图中各按钮含义如下。

A：选择当前使用的工具数据；
B：选择当前使用的工件坐标；
C：摇杆速率；
D：增量开关；
E：选择坐标系；
F：选择动作模式。

2.4 坐标设定

坐标系从一个固定点通过轴定义平面或空间，这个固定点称为坐标原点。机器人目标和位置通过沿坐标系轴的测量来定位。机器人使用若干坐标系，每一坐标系都适用于特定类型的控制或编程。ABB 机器人系统中使用以下几种坐标系。

✧ 基坐标系，可定义机器人单元。它适用于微动控制、一般移动以及处理具有若干机器人或外轴移动机器人的工作站和工作单元。
✧ 工件坐标系，在表示持有其他坐标系的设备（如工件）时显得非常有用。
✧ 工具坐标系，可以将一个或多个新工具坐标系定义为工具坐标系。
✧ 大地坐标系，其坐标原点在工作单元或工作站中。

2.4.1 机器人系统的坐标系

1. 基坐标系

基坐标系原点定义在机器人安装面与第一转动轴的交点处，*X* 轴向前，*Z* 轴向上，*Y* 轴按右手法则确定。操作者在 *X* 轴方向面对机器人手动操作，把摇杆拉向自己时，机器人沿 *X* 轴移动；向两侧移动摇杆时，机器人沿 *Y* 轴移动；旋转摇杆时，机器人沿 *Z* 轴移动，如图 2-25 所示。

2-4-1
新建程序

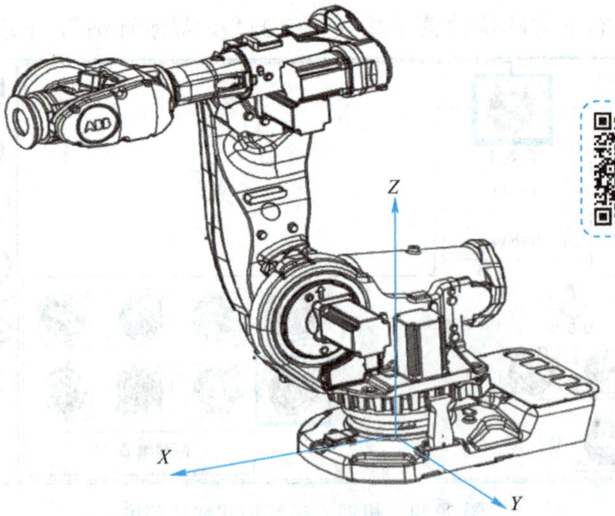

图 2-25 机器人基坐标系

2. 大地坐标系

大地坐标系是机器人示教和编程时常用的坐标系，其坐标原点在工作单元或工作站中有固定位置。这有助于处理若干个机器人或有外轴移动的机器人，如图 2-26 所示。

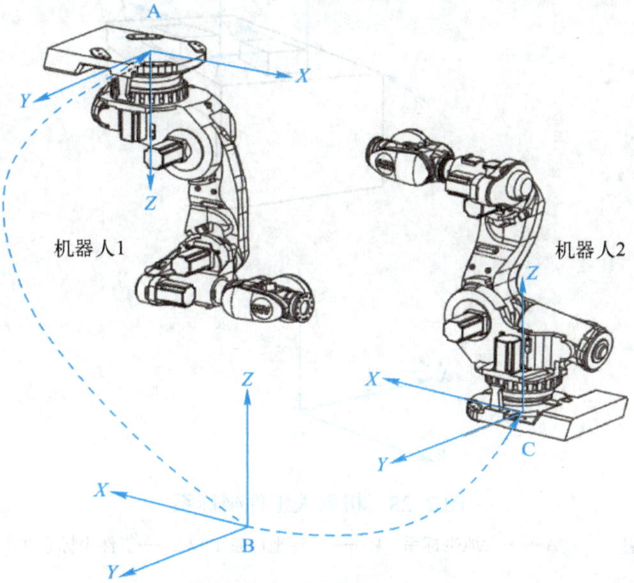

图 2-26　机器人大地坐标系

A——机器人 1 基坐标系　B——大地坐标系　C——机器人 2 基坐标系

3. 工具坐标系

工具坐标系通常缩写为 TCP（Tool Centre Point，工具中心点），其工具中心点设为坐标原点，由此定义工具的位置和方向。执行程序时，机器人就是将 TCP 移至编程位置。如果改变了工具，机器人的移动将随之改变。在进行相对工件不改变工具姿态的平移操作时，选用该坐标系最适宜。不同工具，TCP 也不同，如图 2-27 所示。

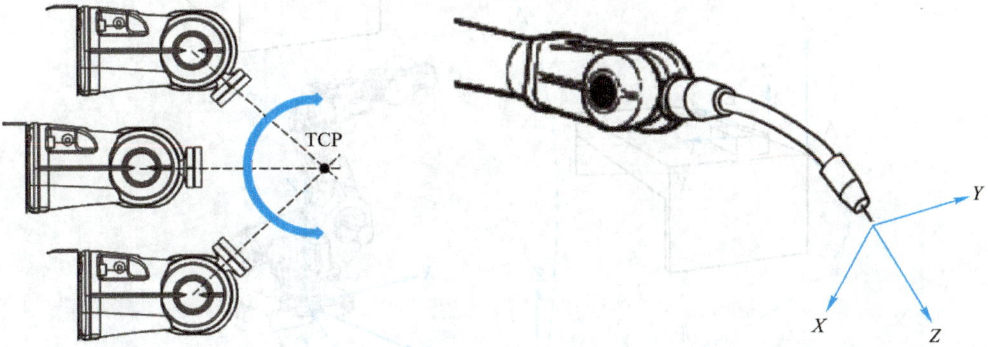

图 2-27　机器人工具坐标系与 TCP

4. 工件坐标系

工件坐标系对应工件：它定义工件相对于大地坐标系的位置。机器人可以拥有若干工件坐标系，或者表示不同工件，或者表示同一工件在不同位置的若干副本。对机器人进行编程时就是在工件坐标系中创建目标和路径。这样，在重新定位工作站中的工件时，只需更改工件坐标系的位置，所有路径也随之更新，如图 2-28 所示。

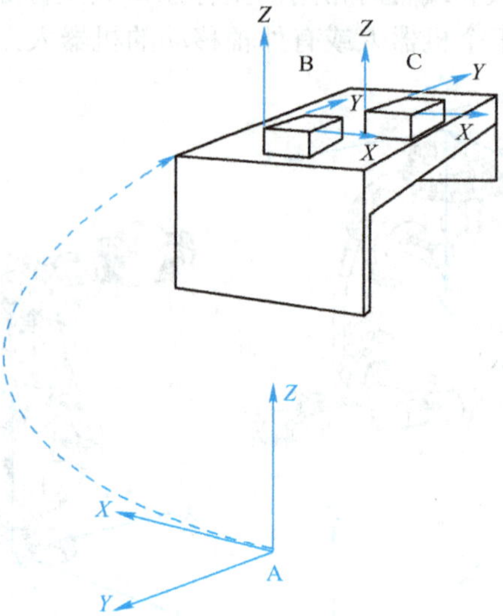

图 2-28 机器人工件坐标系

A——大地坐标系 B——工件坐标系 1 C——工件坐标系 2

5. 用户坐标系

用户坐标系可用于表示固定装置、工作台等设备。当机器人配备多个工作台时，使用用户坐标系可使操作更简单，如图 2-29 所示。

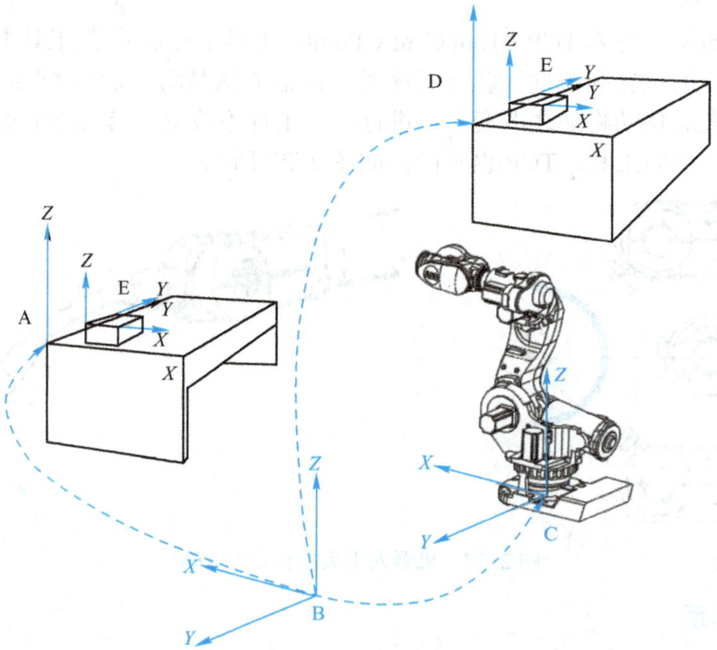

图 2-29 机器人用户坐标系

A——用户坐标系 B——大地坐标系 C——基坐标系 D——移动用户坐标系 E——工件坐标系，与用户坐标系一同移动机器人系统中用的坐标系符合右手定则，如图 2-30 所示。

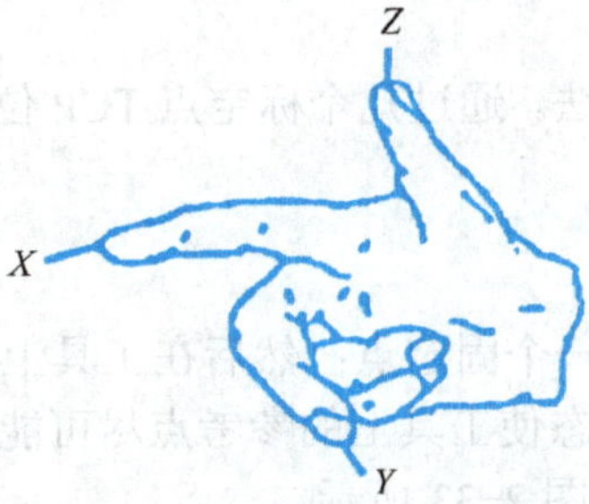

图 2-30　右手定则确定坐标轴方向

各种坐标系的具体展示如图 2-31 所示。

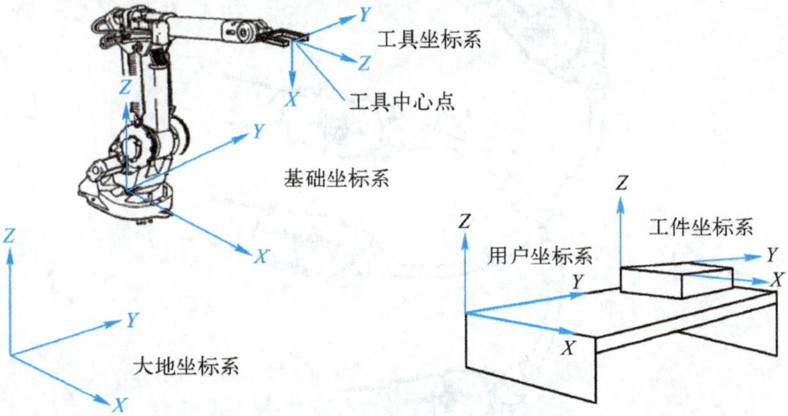

图 2-31　机器人系统各坐标系关系

2.4.2　设定工具数据 tooldata

工具数据 tooldata 用于描述安装机器人第 6 轴上的工具的 TCP、质量、重心等参数。不同任务使用不同工具，都需要配置 tooldata 数据，如图 2-32 所示。

2-4-2
程序编辑和演示

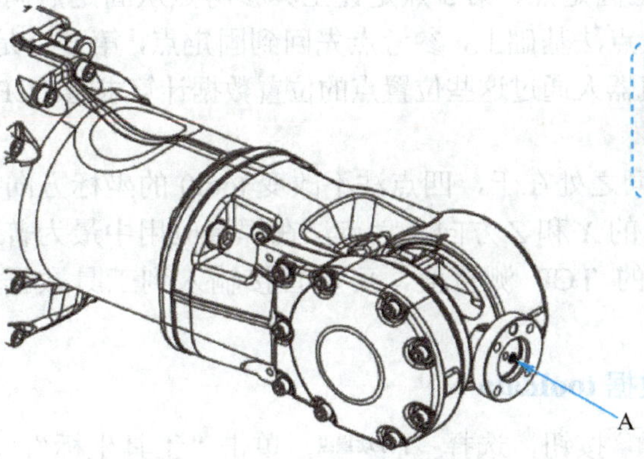

图 2-32　tool0 的 TCP

工具坐标系的准确度直接影响机器人的轨迹精度。默认工具（tool0）坐标系的原点位于机器人安装法兰盘的中心，当安装不同的工具（如焊枪）时，质量和重心容易获得。而 TCP 需要设定。

TCP 位置通常采用多点标定法。通过几个标定点 TCP 位置重合，从而计算出 TCP，常用的有四点法、五点法、六点法。

1. 四点法标定 TCP

首先在机器人工作范围确定一个固定点；然后在工具上找一个参考点，通常是工具中心点；操作机器人以 4 种不同的姿态使工具上的参考点尽可能接近固定点，姿态差异越大，机器人计算出 TCP 值就越准确，如图 2-33 所示。

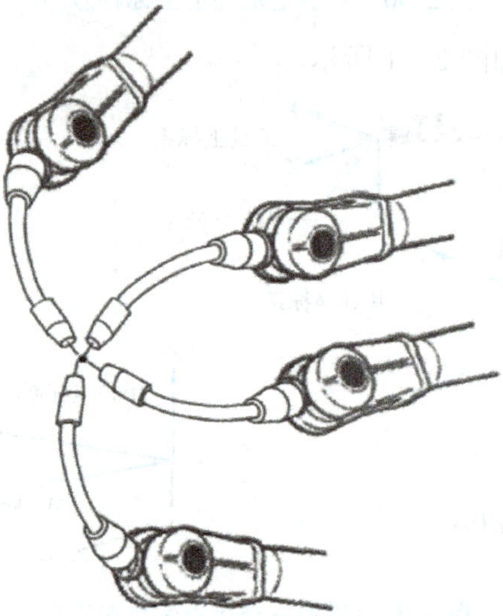

图 2-33 4 点法标定 TCP

2. TCP 取点数量的区别

四点法、五点法、六点法都是先移动工具上的参考点，以若干种不同的机器人姿态尽可能与固定点刚好碰上。通常第 2 点和第 3 点是从第 1 点的左侧、右侧靠上固定点。五点法中，第 4 点是以垂直方式靠上固定点，第 5 点是让工具参考点从固定点向将要设定为 TCP 的 *X* 方向移动；六点法中，在五点法基础上，参考点先回到固定点，第 6 点是从固定点向设定为 TCP 的 *Z* 方向移动。最后，机器人通过这些位置点的位置数据计算求得 TCP 的数据并保存在 tooldata 中，等待被程序调用。

TCP 取点数量的不同之处在于，四点法不改变 tool0 的坐标方向，五点法改变 tool0 的 *X* 方向，六点法改变 tool0 的 *X* 和 *Z* 方向。六点法在焊接应用中最为普遍。

如果已经具有工具的 TCP 测量值，可以直接输入到工具数据中，无需使用上述方法标定。

3. 建立新的工具数据 tooldata

在示教器中单击 ABB 按钮，选择“手动操纵”，单击“工具坐标”，单击“新建…”，然后单击“确定”按钮建立新的工具数据 tool1，如图 2-34 所示。

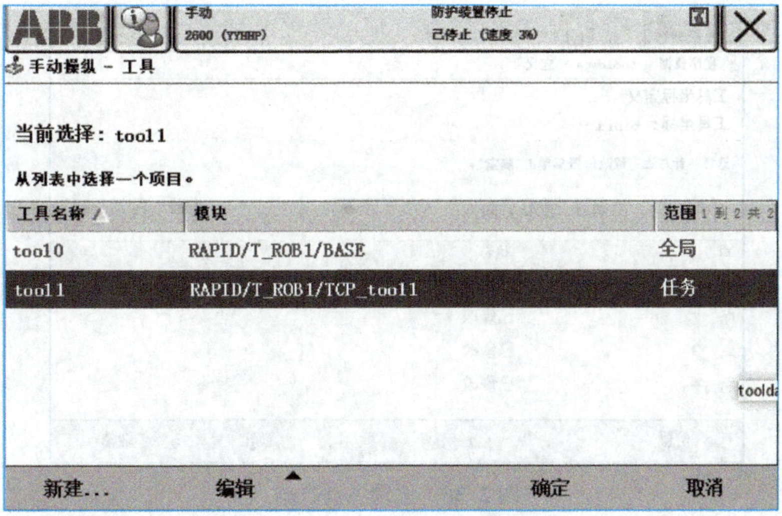

图 2-34 建立工具数据 tooldata

单击下方“编辑”菜单中的“更改值”选项，根据实际情况设定工具的质量 mass、重心位置数据（相当于 tool0 的偏移值），然后单击“确定”按钮，如图 2-35 所示。

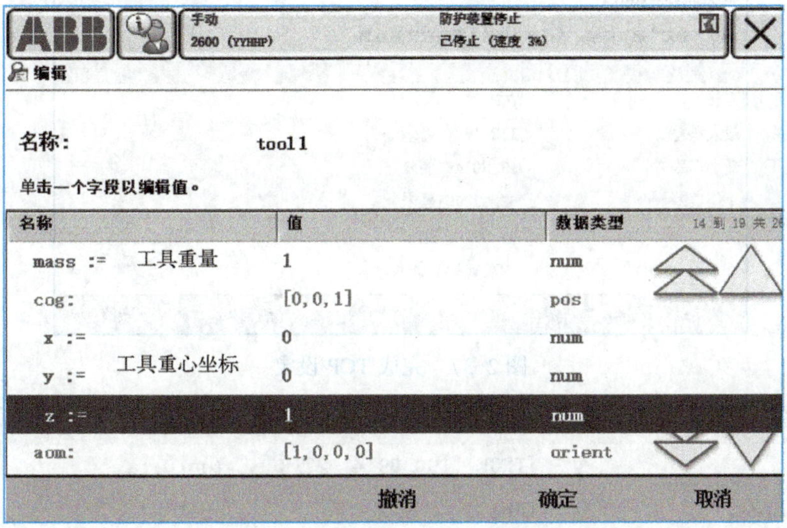

图 2-35 设置工具数据 tooldata

单击“编辑”菜单中的“定义”选项，在 “方法”下拉列表中选择“TCP（默认方向）”选项，使用四点法标定 TCP。接着分 4 次使用快捷方式操纵机器人以单轴运动或线性运动方式接近固定点，并单击“修改位置”按钮，将各个点位置记录下来，如图 2-36 所示。

单击“确定”按钮，完成 TCP 标定，如图 2-37 所示。

再次进入到更改工具数据值的界面，可看到工具 TCP 值已经设置好了，如图 2-38 所示。如果其值有误差需要修正，可手动输入修正后的值。

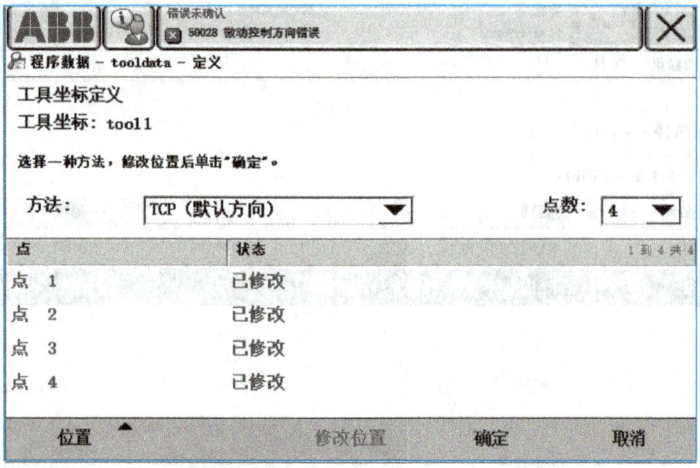

图 2-36　记录各点数据

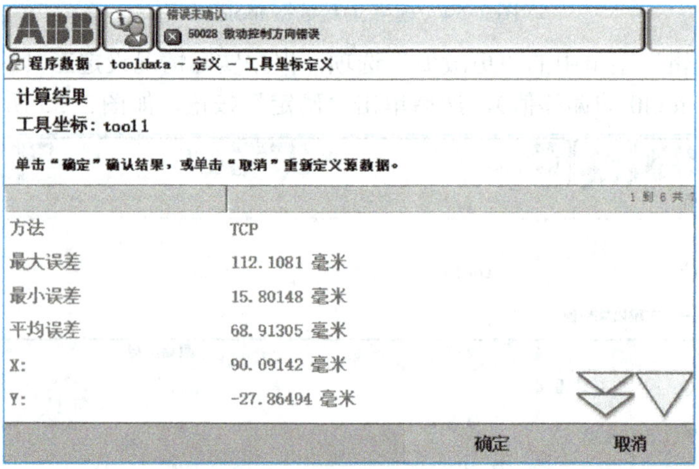

图 2-37　完成 TCP 设定

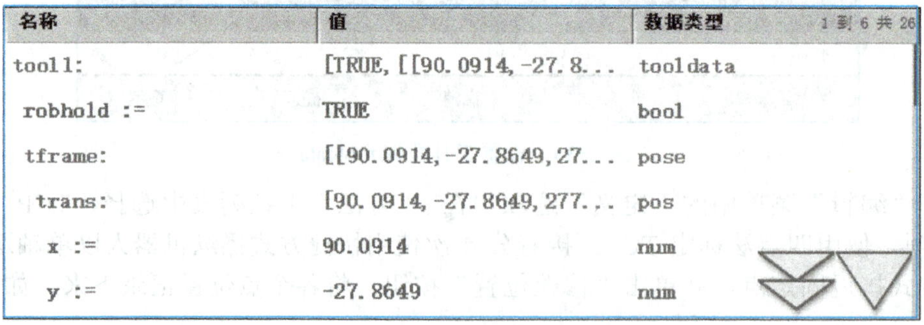

图 2-38　设置完成的工具数据 tooldata

质量、重心、TCP 等工具数据设置完成后，可以操作摇杆将 TCP 靠上固定点，然后在重定位模式下手动操纵机器人。如果 TCP 设定精确，那么可以看到 TCP 与固定点始终保持接触，而机器人会根据重定位操作改变姿态。

2.4.3　设定工件坐标 wobjdata

在对象平面上，只需要定义 3 个点，就可以建立一个工件坐标。其中，*X*1 点确定工件坐标原点，*X*2 点确定工件 *X* 坐标正方向，*Y*1 点确定工件 *Y* 坐标正方向。如图 2-39 所示。

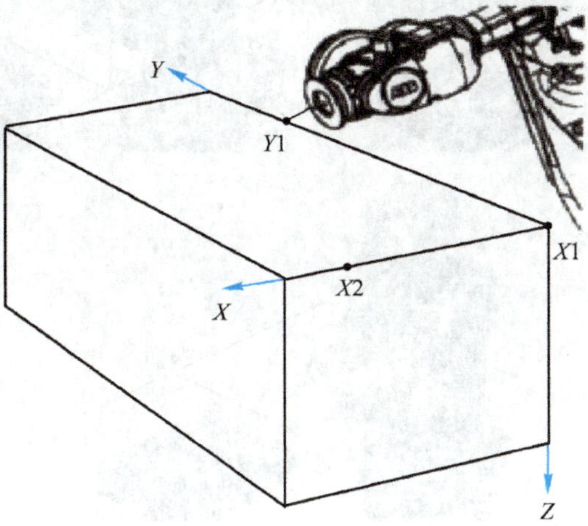

图 2-39　确定工件坐标系

在示教器中单击 ABB 按钮，选择 手动操纵，单击“工件坐标”，单击“新建…”，然后单击“确定”按钮建立新的工件数据 wobj1，如图 2-40 所示。

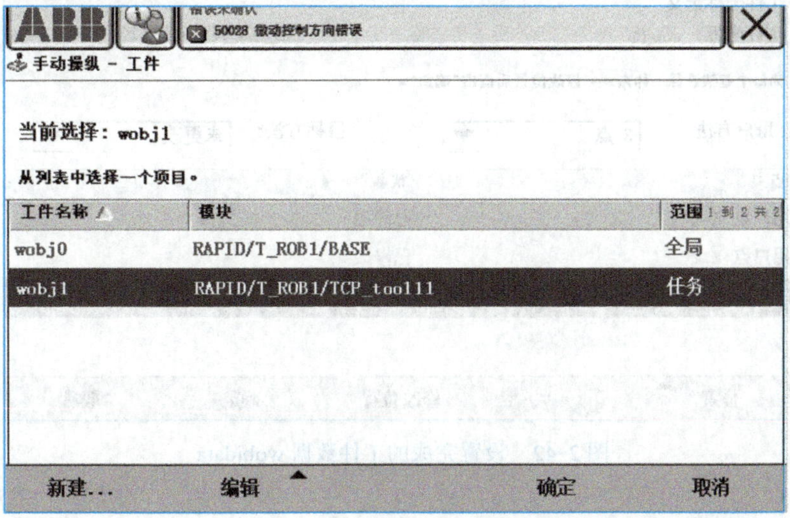

图 2-40　建立工件坐标 wobjdata

单击“编辑”菜单中的“定义”选项，在“用户方法”下拉列表中选择“3 点”选项。接着分 3 次使用快捷方式操纵机器人以单轴运动或线性运动方式靠近 *X*1、*X*2、*Y*1 点，并单击“修改位置”按钮，将各个点位置记录下来，如图 2-41 所示。

然后单击“确定”按钮，直到完成工件数据设定，如图 2-42 所示。

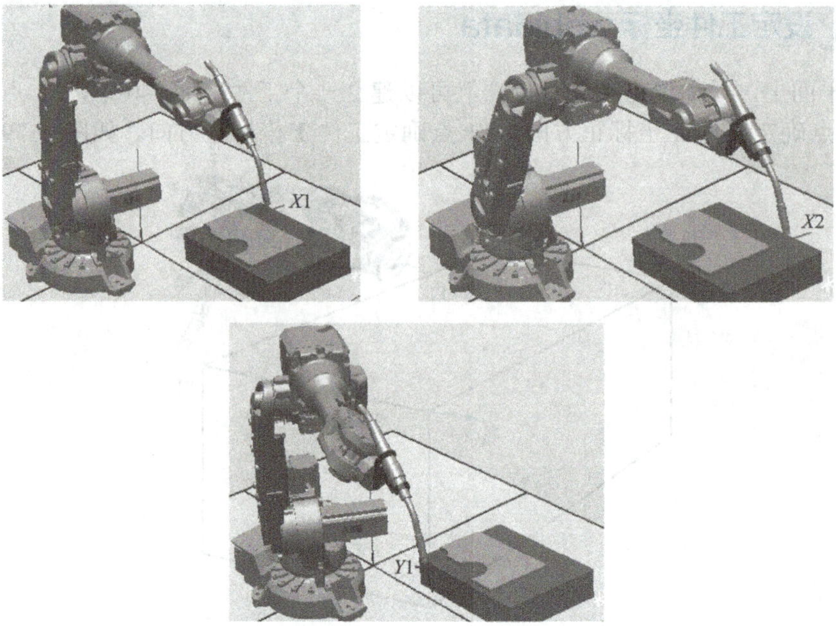

图 2-41　确定工件坐标系

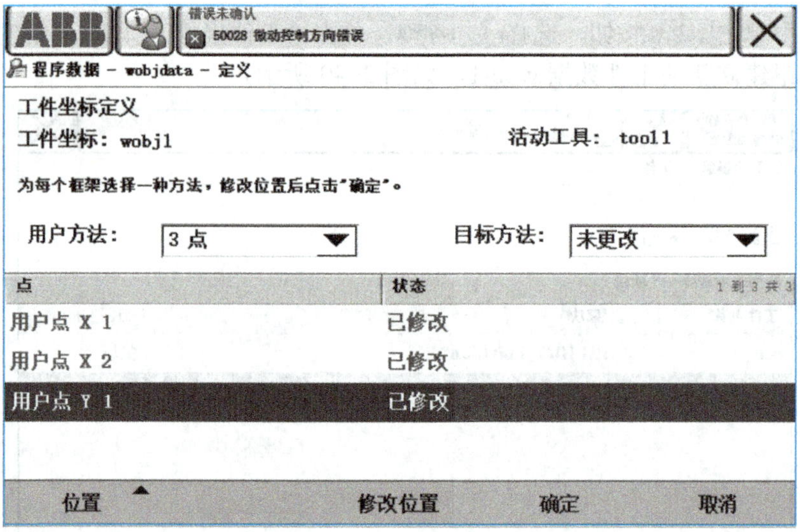

图 2-42　设置完成的工件数据 wobjdata

2.4.4　设定有效载荷 loaddata

对于搬运应用的机器人，应该正确设定夹具的质量、重心 tooldata 以及搬运对象的质量和重心数据 loaddata，这些数据在编写机器人搬运任务程序时会被调用。设置正确的搬运对象的载荷数据 loaddata 有利于机器人伺服控制的优化。

在示教器中单击 ABB 按钮，选择 手动操纵，单击“有效载荷”，单击“新建...”，然后单击“确定”按钮建立新的载荷数据 load1，如图 2-43 所示。

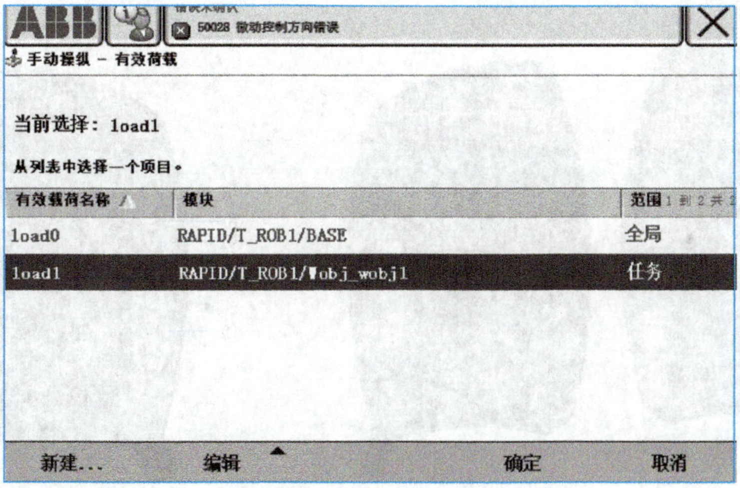

图 2-43 建立载荷数据 loaddata

单击 “编辑”菜单中的 “更改值”选项，根据实际情况设定载荷的质量 mass、重心位置数据，然后单击“确定”按钮，如图 2-44 所示。

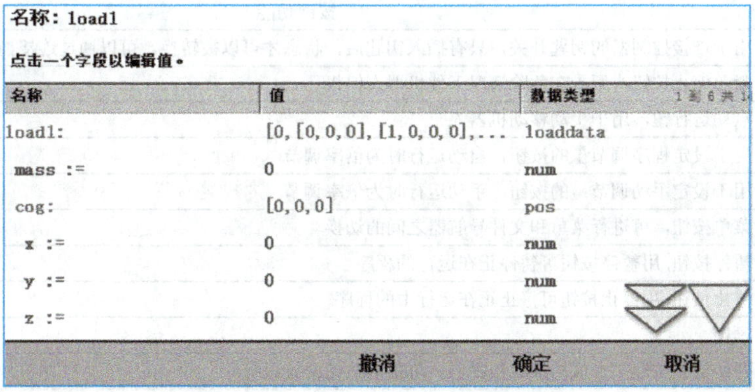

图 2-44 输入载荷数据参数值

2.5 华数 HSR-6 工业机器人操作

HSR-6 工业机器人的在线编程与操作是由 HSpad 示教器完成的。因此，要熟练地操作 HSR-6 工业机器人，就需要了解 HSpad 示教器，并熟悉 HSpad 示教器的相关操作界面。

2.5.1 HSpad 示教器简介

HSpad 示教器如图 2-45 所示，其特点有：采用触摸屏+周边按钮的操作方式；8 in（1 in=25.4 mm）触摸屏；多组按钮；急停开关；钥匙开关；三段式安全开关；USB 接口。

1. HSpad 示教器前部

HSpad 示教器前部如图 2-46 所示，各按钮的功能见表 2-1。

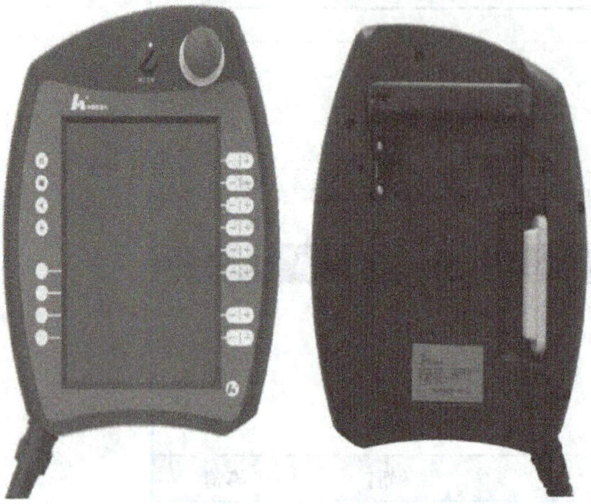

图 2-45 HSpad 示教器

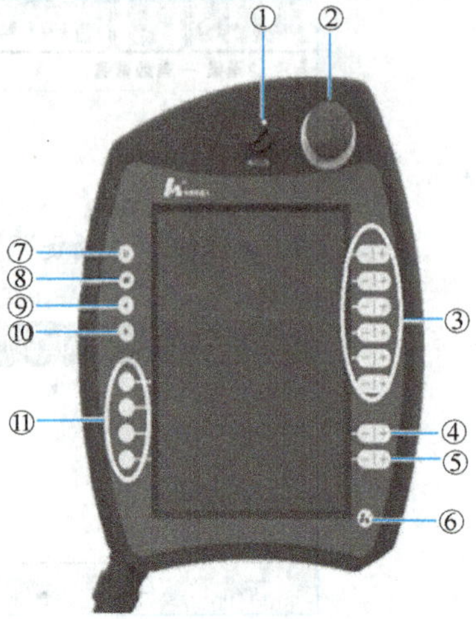

图 2-46 HSpad 示教器操作面板

表 2-1 HSpad 示教器操作面板功能介绍

按键序号	按键功能
1	用于连接控制器的钥匙开关，只有插入钥匙后，状态才可以被转换。可以通过连接控制器切换运行模式
2	紧急停止按钮，用于在危险情况下使机器人停机
3	点动运行钮，用于手动移动机器人
4	用于设定程序调节量的按钮，自动运行时为倍率调节
5	用于设定手动调节量的按钮，手动运行时为倍率调节
6	菜单按钮，可进行菜单和文件导航器之间的切换
7	暂停按钮,用暂停按钮可暂停正在运行的程序
8	停止按钮,用停止按钮可停止正在运行中的程序
9	预留
10	开始运行按钮，在成功加载程序后，单击该按钮开始运行
11	辅助按键

2. HSpad 示教器背部

HSpad 示教器背部如图 2-47 所示，各部分的功能见表 2-2。

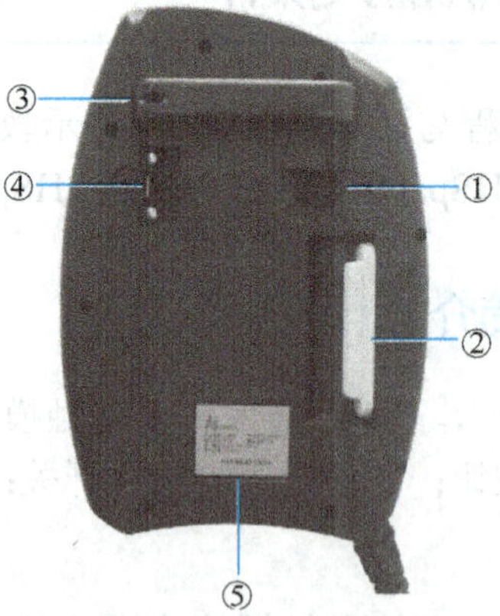

图 2-47 HSpad 示教器背部功能

表 2-2　HSpad 示教器背部功能介绍

序号	功能
1	调试接口
2	三段式安全开关 安全开关有 3 个位置：①未按下；②中间位置；③完全按下。在运行方式为手动 T1 或手动 T2 时，安全开关必须保持在中间位置,方可使机器人运动。在自动运行模式时，安全开关不起作用
3	HSpad 触摸屏手写笔插槽
4	USB 接口：USB 接口用于存档/还原等操作
5	散热口
6	HSpad 型号

2.5.2　HSpad 示教器的操作界面

HSpad 示教器的操作界面如图 2-48 所示，图中各标签的含义见表 2-3。

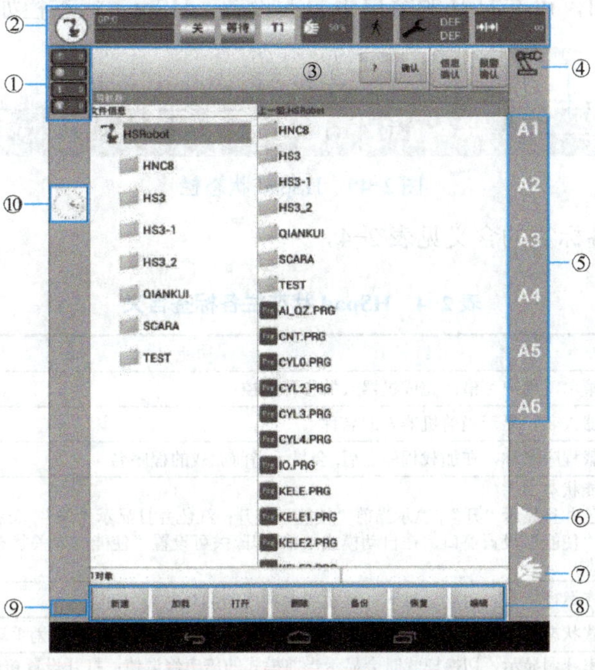

图 2-48　HSpad 示教器界面

表 2-3　HSpad 示教器各标签含义

序号	功能
1	信息提示计数器 信息提示计数器显示，提示每种信息类型各有多少条等待处理。触摸信息提示计数器可放大显示
2	状态栏
3	信息窗口 根据默认设置将只显示最后一个信息提示，触摸信息窗口可显示信息列表，列表中会显示所有待处理的信息。可以被确认的信息可用“确认”按钮确认；单击“信息确认”按钮确认所有除错误信息以外的信息；单击“报警确认”按钮确认所有错误信息；单击“？”按钮可显示当前信息的详细信息

（续）

序号	功能
4	坐标系状态 触摸该图标就可以显示所有坐标系，并进行选择
5	点动运行指示 如果选择了与轴相关的运行,这里将显示轴号(A1、A2 等)；如果选择笛卡儿坐标运行,这里将显示坐标系的方向(X、Y、Z、A、BC)；触摸图标会显示运动系统组选择窗口。选择组后,将显示为相应组中所对应的名称
6	自动倍率修调图标
7	手动倍率修调图标
8	操作菜单栏，用于程序文件的相关操作
9	网络状态 红色为网络连接错误,检查网络线路问题；黄色为网络连接成功,但初始化控制器未完成,无法控制机器人运动；绿色为网络初始化成功，HSpad 正常连接控制器,可控制机器人运动
10	操作菜单栏，用于程序文件的相关操作

图 2-48 所示示教器界面上方的状态栏显示工业机器人设置的状态。多数情况下通过单击图标就会打开一个窗口，可在打开的窗口中更改设置，HSpad 状态栏如图 2-49 所示。

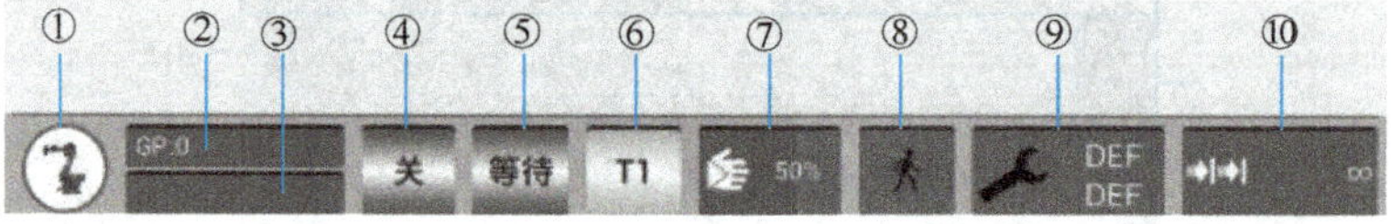

图 2-49　HSpad 状态栏

HSpad 状态栏中各标签的含义见表 2-4。

表 2-4　HSpad 状态栏各标签含义

序号	功能
1	主菜单，用户可借此完成机器人的各种操控
2	机器人名，显示当前机器人的名称
3	加载程序名称，在加载程序之后, 会显示当前加载的程序名
4	使能状态 绿色并且显示“开”, 表示当前“使能”打开；红色并且显示“关”, 表示当前“使能”关闭；单击可打开“使能”设置窗口，在自动模式下单击开/关可设置“使能”开关状态，窗口可显示安全开关的按下状态
5	程序运行状态，自动运行时，显示当前程序的运行状态
6	模式状态显示，“模式”可以通过钥匙开关设置，“模式”可设置为手动模式、自动模式、外部模式
7	倍率修调显示，切换模式时会显示当前模式的倍率修调值；打开设置窗口，可通过加/减按钮以 1%的单位进行加减设置，也可通过滑块左右拖动设置
8	程序运行方式状态，在自动运行模式下只能是连续运行，手动 T1 和手动 T2 模式下可设置为单步或连续运行；打开设置窗口,在手动 T1 和手动 T2 模式下可单击连续/单步按钮进行运行方式切换
9	激活基坐标/工具显示,打开窗口,单击工具和基坐标，选择相应的工具和基坐标进行设置
10	增量模式显示，在手动 T1 或手动 T2 模式下打开窗口，单击相应选项设置增量模式

2.5.3　HSpad 示教器的主菜单及其运行方式切换

1. 调用主菜单

主菜单用于用户完成机器人的各种操控，打开/关闭主菜单的操作步骤如下。

1）单击主菜单图标或按钮，示教器窗口主菜单打开，如图 2-50 所示。

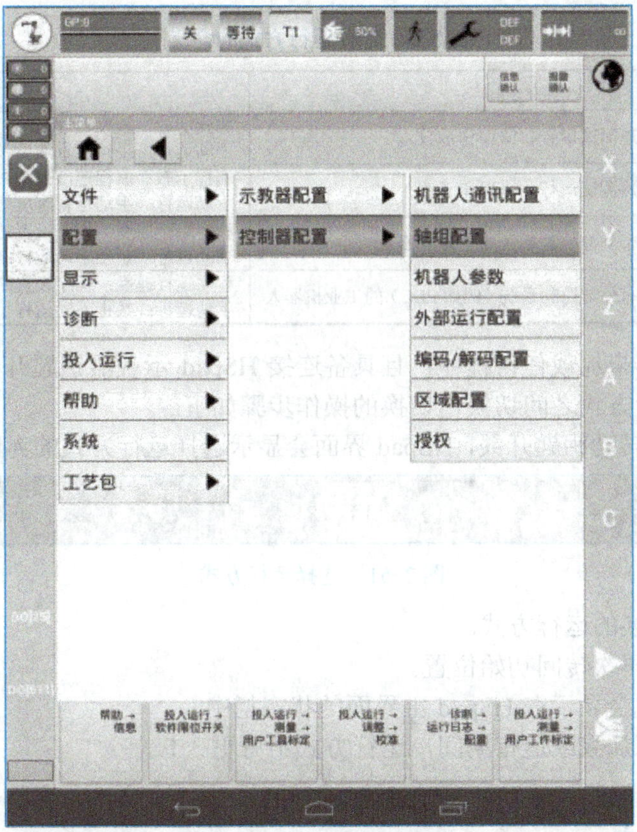

图 2-50　示教器配置菜单

2）再次单击主菜单图标或按钮，关闭主菜单。

主菜单窗口左侧显示主菜单，单击一个菜单项将显示其所属的下级菜单。视打开下级菜单的层数的多少，可能会看不到主菜单栏，此时会显示最新的三级菜单。单击左上角的 Home 按钮关闭所有打开的下级菜单，只显示主菜单。在主菜单窗口底部区域将显示上一个所选择的菜单项（最多 6 个）。这样能直接再次选择这些菜单项，而无须先关闭打开的下级菜单再重新选择菜单项。

2. 重启 HSpad 示教器

当 HSpad 示教器异常，需要重启时，可按下述操作步骤进行。

1）打开主菜单。

2）选择主菜单中的“系统”→“重启系统”，此时会弹出提示对话框。

3）选择对话框中的“是”按钮，示教器会在 30s 后重启，同时也会重启控制器。

注意：正在编辑的程序请先保存再重启，否则新编辑的数据将会丢失，无法恢复！

3. 切换运行方式

HSR-6 机器人有手动 T1、手动 T2、自动、外部 4 种运行方式。

各种运行方式的含义见表 2-5。

表 2-5 各种运行方式的含义

运行方式	应用	功能
手动 T1	用于低速测试运行、编程和示教	编程示教：编程速度最高 125mm/s 手动运行：手动运行速度最高 125mm/s
手动 T2	用于高速测试运行、编程和示教	编程示教：编程速度最高 250mm/s 手动运行：手动运行速度最高 250mm/s
自动	用于不带外部控制系统的工业机器人	程序运行速度：程序设置的编程速度 手动运行：禁止手动运行
外部	用于带有外部控制系统（例如 PLC）的工业机器人	程序运行速度：程序设置的编程速度 手动运行：禁止手动运行

当机器人控制器未加载任何程序，且具备连接 HSpad 示教器钥匙开关的钥匙时，HSR-6 机器人可在上述运行方式之间切换，切换的操作步骤如下。

1）在 HSpad 上转动钥匙开关，HSpad 界面会显示选择运行方式的界面，如图 2-51 所示。

图 2-51 选择运行方式

2）选择需要切换的运行方式。

3）将钥匙开关再次转回初始位置。

所选的运行方式会显示在 HSpad 主界面的状态栏中。

注意：在程序已加载或运行期间，运行方式不可更改！

知识、技能归纳

掌握 ABB 工业机器人和华中数控工业机器人的基本操作。让机器人动起来的方法有多种，可以使用示教器进行手动控制，也可以编写 RAPID 程序自动控制，或者用外部信号来控制机器人。

工程素质培养

① 熟悉手动操作画面，使用增量模式移动机器人。

② 慢慢地移动机器人的 1～6 轴，慢慢地在线性动作模式下移动机器人。

③ 慢慢地在重定位动作模式下移动机器人。

④ 熟悉机器人各个轴的原点标记位置 6→5→4→1→2→3。

⑤ 进行转数计数器的更新操作，学习示教器快捷菜单各按键的作用。

⑥ 机器人备份与恢复的操作。

⑦ 熟悉查看数据的方法，TCP 的原理与定义 tooldata，工件坐标的原理与定义 wobjdata，负荷的原理与定义 loaddata。

⑧ 培养动手实践和理论结合实际的能力

第3章 工业机器人编程与调试

3.1 程序模块与 RAPID 程序

3.1.1 ABB 机器人程序结构

ABB 机器人程序由模块（modules）组成，包括用户建立的模块和系统模块。编写程序时，通过新建模块来构建机器人程序，可以根据不同的用途建立多个模块。ABB 机器人自带两个系统模块，USER 模块与 BASE 模块，系统模块用于机器人系统控制，一般情况下，用户无需修改系统模块。

用户建立的模块包含 4 种对象：例行程序（Procedure）、程序数据（Data）、函数（Function）、中断（Trap），通常需建立不同的模块来分类管理不同用途的例行程序和数据。所有例行程序与数据无论存在于哪个模块都可以被其他模块调用，其命名必须是唯一的。在所有模块中，只能有一个例行程序被命名为 main，main 程序存在的模块称为主模块，主模块是机器人程序执行的入口，RAPID 程序组成如图 3-1 所示。

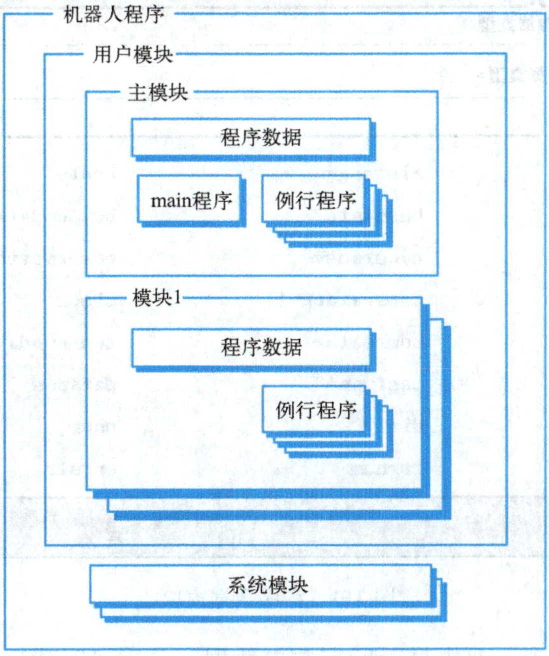

图 3-1 RAPID 程序组成

3.1.2 程序数据

程序数据是在程序模块或系统模块中设定的值和定义的一些环境数据。创建的程序数据由同一个模块或其他模块中的指令进行引用。例如下面这条常用的机器人关节运动的指令就调用了4个程序数据，如图3-2所示。

图3-2 机器人指令构成

举例指令：MoveJ p10, v1000, z50, too10;

程序数据：①p10；②v1000；③z50；④too10。

数据类型：①robtarget 目标位置数据；②speeddata，运动速度数据；③zonedata，TCP运动转弯半径数据；④tooldata，工具数据。

程序数据的建立一般可以分为两种形式：一种是直接在示教器中的程序数据画面中建立；另一种是在建立程序指令时，同时自动生成对应的程序数据。

在示教器中新建程序数据的步骤如下：

1）单击“ABB”按钮，然后单击“程序数据”选项，单击右下角“视图”菜单，选择“全部数据类型”选项，进入程序数据页面，如图3-3所示。

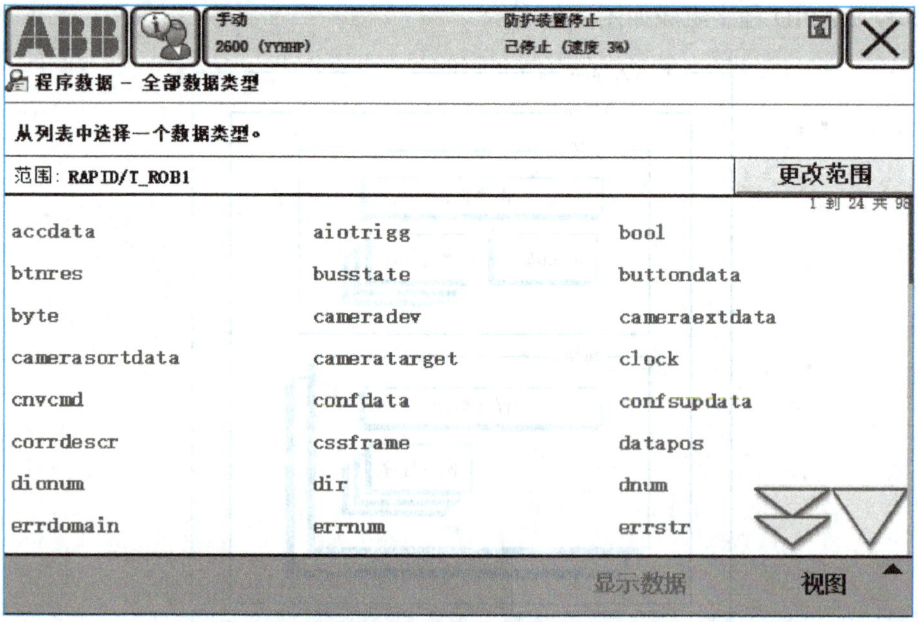

图3-3 程序数据窗口

2）选择“bool”选项，双击显示所有布尔数据。单击“新建”按钮，弹出数据参数设置窗口，如图3-4所示。在窗口中可以设置名称、范围、存储类型、任务、模块、例行程序和维数等参数。

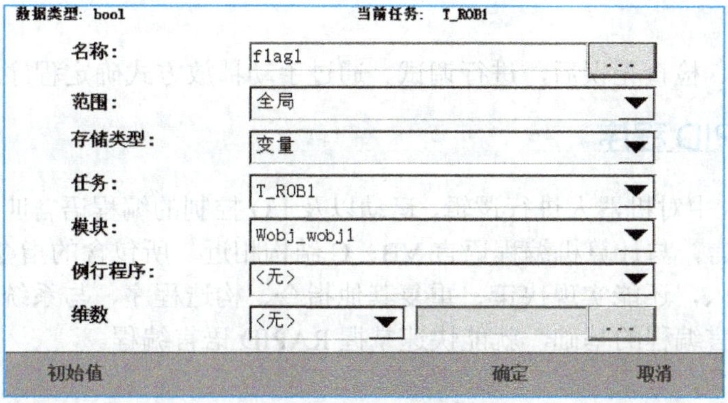

图 3-4 新建程序数据

ABB 机器人的程序数据有 98 个，还可以根据实际情况创建新的程序数据。ABB 机器人根据不同的数据用途定义了不同的程序数据，部分常用程序数据的说明见表 3-1。

表 3-1 机器人系统部分常用程序数据说明

程序数据	说明	程序数据	说明
bool	布尔量	byte	整数数据 0～255
clock	计时数据	dionum	数字输入/输出信号
extjoint	外轴位置数据	intnum	中断标志符
jointtarget	关节位置数据	loaddata	载荷数据
mecunit	机械装置数据	num	数值数据
orient	姿态数据	pos	位置数据（只有 x、y 和 z）
pose	坐标转换	robjoint	机器人轴角度数据
robtarget	目标位置数据	speeddata	机器人与外轴的速度数据
string	字符串	tooldata	工具数据
trapdata	中断数据	wobjdata	工件数据
zonedata	TCP 转弯半径数据		

3.1.3 编写机器人程序的一般步骤

ABB 机器人运动控制的步骤如下。

（1）设定关键程序数据

在进行正式的编程前，需要构建起必要的编程环境，其中工具数据 tooldata、工件坐标 wobjdata 和载荷数据 loaddata 这三个关键的程序数据需要在编程前进行定义。

（2）确定运动轨迹方案和坐标系

确定机器人运动轨迹方案，确保在机器人系统安装过程中设置了基坐标系和大地坐标系。同时确保附加轴也已设置。在开始编程前，根据需要定义工具坐标系和工件坐标系。以后添加更多对象时，同样需要定义相应坐标系。

（3）编写程序与参数设置

选择运动/逻辑指令及参数设置，通过示教器示教的方式确定程序重要节点和运行轨迹。编写程序可以在示教器上进行，也可以通过离线编程的方式进行。

（4）调试

程序编写完成、检查无误后，进行调试。通过手动播放方式确定程序运行符合预期。

3.1.4 RAPID 程序

在 ABB 机器人中对机器人进行逻辑、运动以及 I/O 控制的编程语言叫作 RAPID。RAPID 是一种英文编程语言，与计算机编程语言 VB、C 结构相近，所包含的指令可以移动机器人、设置输出、读取输入，还能实现决策、重复其他指令、构造程序、与系统操作员交流等。只要有计算机高级语言编程的基础，就能快速掌握 RAPID 语言编程。

3.2 数据类型与运算符

3.2.1 数据类型

1. 注释

注释是对程序代码的解释和说明，使代码更易于阅读与维护。RAPID 程序注释以感叹号（!）开始，以换行符结束，占一整行（不包含换行符）。

2. 标识符

标识符用于程序编写中对模块、例行程序、数据和标签命名。标识符的首个字符必须为字母，其余部分可采用字母、数字或下画线组成。标识符最长不超过 32 个字符，不区分大小写。

3. 保留字

保留字是 RAPID 语言事先定义并赋予特殊意义的字符，不能用作标识符，保留字为大写。表 3-2 为 RAPID 中的保留字。此外，还有许多预定义数据类型名称、系统数据、指令也不能用作标识符。

表 3-2 RAPID 保留字

ALIAS	AND	BACKWARD	CASE
CONNECT	COSNT	DEFAULT	DIV
DO	ELSE	ELSEIF	ENDFOR
ENDFUNC	ENDIF	ENDMODULE	ENDPROC
ENDRECORD	ENDTEST	ENDTRAP	ENDWHILE
ERROR	EXIT	FALSE	FOR
FROM	FUNC	GOTO	IF
INOUT	LOCAL	MOD	MODULE
NOSTEPIN	NOT	NOVIEW	OR
PERS	PROC	RAISE	READONLY
RECORD	RETRY	RETURN	STEP

（续）

ALIAS	AND	BACKWARD	CASE
SYSMODULE	TEST	THEN	TO
TRAP	TRUE	TRYNEXT	UNDO
VAR	VIEWONLY	WHILE	WITH
XOR			

4. 赋值

RAPID 使用“:=”对变量、永久数据对象或参数进行赋值。赋值目标和表达式必须为同一类型。

赋值示例：

```
count := count +1;                    ! 整个变量的赋值
home.x := x * sin(30);                ! 分量赋值
matrix{i, j} := temp;                 ! 数组元素赋值
posarr{i}.y := x;                     ! 数组元素/分量赋值
assignment<VAR> := temp + 5;          ! 占位符使用
```

5. 基本数据类型

RAPID 的基本数据类型有 bool、num、dnum 和 string。

（1）bool 类型

布尔型，其值为真或假（TRUE 或 FALSE）。

```
VAR bool active;
active := TRUE;
```

（2）num 类型

数值型，用于表示-8388608～8388608 的整数（或小数）。

```
VAR num counter;
counter := 250;
```

（3）dnum 类型

数值型，用于表示-4503599627370496～4503599627370496 的整数（或小数）。

```
VAR dnum value;
value := 2E+43;
```

（4）string 类型

字符串，包含图形字符和控制字符（ASC 值为 0～255 中的非可见字符）。字符串长度为 0～80，以双引号（"）包围。如果在字符串中存在反斜杠字符或双引号字符，则必须将反斜杠字符或双引号字符书写两次。

```
VAR string name;
name := "John Smith";
```

字符串示例：

```
"This is a string"
"This string ends with the BEL control character \07"
"This string contains a "" character"
"This string contains a \\ character"
```

6. 记录型数据

记录类型为有序分量的复合型，记录型数据有 pos 型、orient 型和 pose 型。

（1）pos 型

pos 型表示空间位置。pos 型有 3 个分量 [x, y, z]，分别表示 x 轴、y 轴和 z 轴。

```
VAR pos p1;
p1 := [ 10, 10, 55.7 ];
p1.z := p1.z + 250;
p1 := p1 + p2;
```

（2）orient 型

orient 型表示在空间中的方位。orient 型有 4 个分量，即[q1, q2, q3, q4]，各个分量的类型为 num。四元数表示法是表示空间中方位的最简洁表示法。

```
VAR orient o1;
o1 := [ 1, 0, 0, 0];
o1.q1 := -1;
o1 := Euler(a1,b1,g1);     !用欧拉角函数赋值
```

（3）pose 型

pose 型表示坐标系（位置+方位）。pose 型有 2 个分量 [trans, rot]。trans 为 pos 型，表示平移原点；rot 为 orient 型，表示旋转。

```
VAR pose p1;
p1 := [[ 100, 100, 0 ], o1];
p1.trans := homepos;         !给 trans 分量赋值
```

7. ALIAS

ALIAS 定义数据类型的别名。

```
ALIAS num level;   !定义 num 类型的别名为 level
CONST level low := 2.5;
CONST level high := 4.0;
```

8. 占位符

离线编程工具和在线编程工具可利用占位符来临时表示 RAPID 程序的“未定义”部分。含占位符的程序在语法上是正确的，可加载到任务缓冲区（也可从任务缓冲区保存）。如果 RAPID 程序中的占位符未引起语义错误，那么，该程序甚至可被执行，但遇到的占位符会引起执行错误。RAPID 占位符见表 3-3。

表 3-3 RAPID 占位符

占位符	描述
<TDN>	数据类型定义
<DDN>	数据声明
<RDN>	程序声明
<PAR>	可选替换形参
<ALT>	可选形参
<DIM>	形式（一致）数组阶数
<SMT>	指令

（续）

占位符	描述
<VAR>	数据对象（变量、永久数据对象或参数）索引
<EIT>	if 指令的 else if 子句
<CSE>	测试指令情况子句
<EXP>	表达式
<ARG>	程序调用参数
<ID>	标识符

9. 变量

用 VAR 定义的数据变量，其值在程序运行中可随时被修改。

```
LOCAL VAR num counter;                          !用 LOCAL 定义局部变量
VAR num x:=5;                                   !定义全局变量并赋值
TASK VAR pos curpos := [b+1, cy, 0];            !用 TASK 定义任务记录变量
```

定义变量可以在模块内，也可以在程序内。模块内定义的变量叫作模块变量，程序内定义变量被称作程序变量。

10. 数组

RAPID 支持在定义数组时指定其为 1 维、2 维或 3 维数组。数组下标为正整数，数组第一个元素下标为 1。

```
VAR pos pallet{14, 18};     !定义 14 行、18 列的二维数组
VAR num maxno{10} := [1, 2, 3, 9, 8, 7, 6, 5, 4, 3];  !定义 10 个元素的数组
CONST pos seq{3} := [[614, 778, 1020], [914, 998, 1021], [814, 998, 1022]];
!定义记录型数组常量
PERS num grid{2, 2} := [[0, 0], [0, 0]];  !定义全局记录型数组
```

11. 常量

常量用 CONST 定义，在程序运行过程中其值不能修改，只能在定义时赋值。

```
CONST num pi := 3.141592654;
```

与变量类似，常量也可以声明为模块变量和程序常量。

12. 永久数据

用 PERS 声明的为永久数据变量。永久数据只能在模块内进行声明，不能在程序内声明。永久数据可声明为系统全局、任务全局或局部变量。

```
PERS num globalpers := 123;                        ! 声明全局永久数值变量
LOCAL PERS num localpers := 789;                   ! 声明局部永久数值变量
PERS pos refpnt := [100.23, 778.55, 1183.98];      ! 声明全局永久 pos 型记录变量
TASK PERS num lasttemp := 19.2;                    ! 声明任务永久数值变量
```

常量或变量的初始化值可为常量表达式，永久数据对象的初始化值只能用数值直接赋值。

```
CONST num a := 2;
CONST num b := 3;
CONST num ab := a + b;
```

```
VAR num a_b := a + b;
PERS num a_b := 5; !正确写法
PERS num a_b := a + b; !错误写法
```

局部永久数据和任务永久数据在定义时需进行初始化，作用范围为本模块。定义全局永久数据时可不初始化，其值在所有模块均可访问。程序运行中如果改变了全局永久数据的值，虽然不会立刻更新初始值，但当保存或备份模块、编辑或保存程序时，都会更新初始值，下次再运行时，就是更新后的值起作用了。

```
MODULE ...
PERS pos refpnt := [0, 0, 0];
...
refpnt := [x, y, z];
...
ENDMODULE
```

如果执行时变量 x、y 和 z 的值分别为 100.23、778.55 和 1183.98 并且模块被保存，那么，被保存的模块将如下所示：

```
MODULE ...
PERS pos refpnt := [100.23, 778.55, 1183.98];
...
refpnt := [x, y, z];
...
ENDMODULE
```

13. 变量作用域

全局变量：不加额外修饰符、默认定义的变量是全局变量，其作用范围为全部模块。

局部变量：加上 LOCAL 定义的变量为局部变量，其作用范围是当前模块。

任务变量：加上 TASK 定义的变量为任务变量，其作用范围是当前作业任务。

```
VAR num globalvar := 123; 全局变量
LOCAL VAR num localvar := 789; 局部变量
TASK VAR num taskvar := 456; 任务变量
```

14. 模块数据

在程序外定义的数据被称作模块数据（模块变量、模块常量或模块永久数据）。

下列范围规则对模块数据对象有效。

1）局部变量作用范围为其所处模块。

2）全局变量作用范围还包括任务缓冲区的其他模块。

3）在范围之内，模块类型定义隐藏了同名的预定义类型。

4）在范围之内，局部类型定义隐藏了同名的全局模块类型。

5）同一模块中声明的两个变量不可同名。

6）任务缓冲区中，两个不同模块中声明的两个全局对象不可同名。

预定义程序数据或全局程序数据的范围可能包括任何模块。如图 3-5 所示为模块 2 的例行程序调用模块 1 中的全局变量。

15. 程序数据

在程序内定义的数据被称作程序数据（程序变量、程序常量）。

下列范围规则对程序数据对象有效。

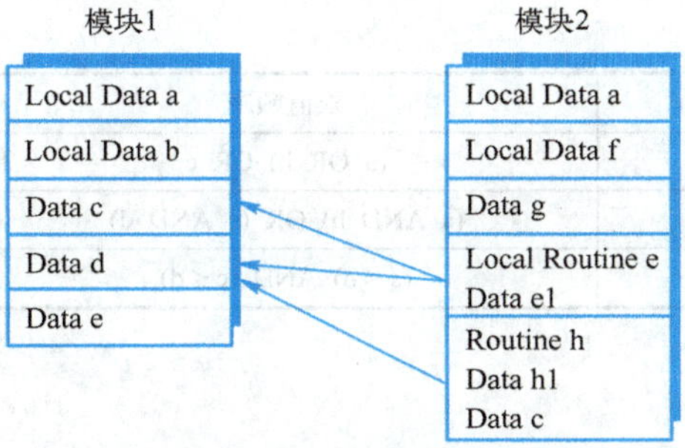

图 3-5　不同模块的变量调用

1）程序数据对象的范围包括其所处程序。
2）在范围之内，程序数据对象隐藏了同名的预定义对象或用户定义对象。
3）同一程序中声明的两个程序数据对象不可同名。
4）程序数据对象不可与同一程序中声明的标签同名。

16. 数据的存储类别

按系统为定义的数据对象分配内存和解除内存的类型不同，数据对象的存储可分为静态存储和动态存储。

常量、永久数据对象和模块变量都是静态存储，当声明对象的模块被加载后，将为储存静态数据对象分配所需的内存。即为永久数据对象或模块变量分配的值将一直保持不变，直至下一次赋值。

程序数据属动态存储类。在首次调用含程序变量声明的程序时，即分配存储易失变量值所需的内存。在程序运行结束时，释放变量所占用的内存。

3.2.2　运算符

1. 运算符优先级

运算符优先级见表 3-4。

表 3-4　运算符优先级

优先级（由高到低）	操作符
最高	*　/　DIV　MOD
	+　-
	<　>　<>　<=　>=　=
	AND
最低	XOR　OR　AND

先求解优先级较高的运算符的值，然后再求解优先级较低的运算符的值。优先级相同的运算符则按从左到右的顺序逐个求值，运算示例见表 3-5。

表 3-5　运算示例

示例表达式	求值顺序	备注
a + b + c	(a + b) + c	从左到右的规则
a + b * c	a + (b * c)	*高于+

（续）

示例表达式	求值顺序	备注
a OR b OR c	(a OR b) OR c	从左到右的规则
a AND b OR c AND d	(a AND b) OR (c AND d)	AND 高于 OR
a < b AND c < d	(a < b) AND (c < d)	<高于 AND

2. 算术运算符

算术运算符示例见表 3-6。

表 3-6 算术运算示例

运算符	操作	运算元类型	结构类型
+	加法	num + num dnum + num	num dnum
+	矢量加法	pos + pos	pos
+	保留符号	+num 或+dnum 或+pos	
-	减法	num - num dnum - num	num dnum
-	矢量减法	pos - pos	pos
-	保留符号	-num 或-dnum 或-pos	
*	乘法	num * num dnum* num	num dnum
*	矢量数乘	num * pos 或 pos * num	pos
*	矢积	pos*pos	pos
*	旋转连接	orient * orient	orient
/	除法	num / num dnum / dnum	num dnum
DIV	整数除法	num DIV num dnum DIV dnum	num dnum
MOD	整数模运算（取余数）	num MOD num dnum MOD dnum	num dnum

3. 关系与逻辑运算符

由关系运算符与逻辑运算符构成的表达式的运算结果为逻辑值（TRUE/FALSE），示例见表 3-7。

表 3-7 关系与逻辑运算示例

运算符	操作	运算元类型	结构类型
<	小于	num < num dnum<dnum	bool bool
<=	小于等于	num <= num dnum<=dnum	bool bool
=	等于	任意类型=任意类型	bool
>	大于	num > num dnum>dnum	bool bool
>=	大于等于	num >= num dnum >= dnum	bool bool
<>	不等于	任意类型<>任意类型	bool
AND	与	bool AND bool	bool
XOR	异或	bool XOR bool	bool

（续）

运算符	操作	运算元类型	结构类型
OR	或	bool OR bool	bool
NOT	非	NOT bool	bool

4. 字符串运算符

字符串运算符“+”把两个字符串连接成一个字符串，示例如表 3-8 所示。

例如，“IN” + “PUT” 得到结果为 “INPUT”。

表 3-8　字符运算示例

运算符	操作	运算元类型	结构类型
+	串连接	sting + string	string

3.3 程序流程控制

程序流程控制常用的语句及说明见表 3-9。

表 3-9　程序范围内的程序控制

指令	说明
IF	基于是否满足条件，执行指令序列
FOR	重复一段程序多次
WHILE	重复指令序列，直到满足给定条件
TEST	基于表达式的数值执行不同指令
GOTO	跳转至标签

3.3.1 IF 语句

IF 语句用于求解一个或多个条件表达式的值，如果条件表达式有多个，将连续进行求值，直至其中一个求值为真。然后，将执行相应的语句。如果没有任何条件表达式求值为真，那么将执行 ELSE 子句。

RAPID 语言中的 IF 语句的一般结构为：

```
IF<条件表达式> THEN
    <语句块>              !条件表达式为真时执行
ENDIF

IF<条件表达式> THEN
    <语句块 1>            !条件表达式为真时执行
ELSE
    <语句块 2>            !条件表达式为假时执行
ENDIF
```

如果条件表达式求值为真时要执行的命令只有一条，可以省略 THEN 和 ENDIF，使用 IF 语句的简洁形式。

例如：

```
IF ERRNO = escape1 GOTO next
```

3.3.2 IF 语句嵌套

在 IF 语句里有包含一个或多个 IF 语句称为 IF 语句嵌套。

例如：

```
IF counter > 100 THEN
counter := 100;
ELSEIF counter < 0 THEN
counter := 0;
ELSE
counter := counter + 1;
ENDIF
```

3.3.3 TEST 语句

如果 TEST 语句表达式的值和 CASE 语句后面的某个常量的值相等，则执行该部分语句，如果都不符合，就执行 DEFAULT 后面的语句，DEFAULT 为可选子句。如果表达式的值与多个常量值相等时都执行相同的语句，可以把多个常量写在一个 CASE 子句中，用“，”分隔。表达式和常量的数据类型为数值型 num。

```
TEST <表达式>
CASE <常量 1> :
<语句块 1>
CASE<常量 2> :
<语句块 2>
…
CASE<常量 n> :
<语句块 n>

DEFAULT:
<语句块>
ENDTEST
```

例如：

```
TEST choice
CASE 1, 2, 3 :
pick number := choice;
CASE 4 :
stand_by;
DEFAULT:
write console, "Illegal choice";
ENDTEST
```

3.3.4 WHILE 循环语句

只要条件表达式值为真，WHILE 循环语句将重复执行语句块。

```
WHILE <条件表达式> DO
<语句块>
```

```
ENDWHILE
```

每执行一次循环，都要对条件表达式进行求值和核实。只要条件表达式求值为假，那么循环将终止，继续执行 ENDWHILE 后面的语句。

例如:

```
WHILE a < b DO
...
a := a + 1;
ENDWHILE
```

3.3.5　FOR 循环语句

FOR 循环语句是根据循环变量在指定范围内递增（或递减）而重复执行语句块。

```
FOR<循环变量>FROM<初始值>TO<终止值> [ STEP<步长> ]DO
<语句块>
ENDFOR
```

循环开始时，循环变量以 FROM 初始值开始，如果未指定 STEP 步长值，则默认 STEP 值为 1，如果是递减的情况，STEP 值设为-1。在每次循环前，将更新循环变量，并对照循环范围核实变量值。只要循环变量的值不在循环范围内，循环将结束，继续执行 ENDFOR 后面的语句。

FROM 表达式、TO 表达式和 STEP 表达式均必须为 num（数字）型。

例如:

```
FOR i FROM 10 TO 1 STEP -1 DO
a{i} := b{i};
ENDFOR
```

3.3.6　循环嵌套

循环语句里面又包含循环语句叫循环嵌套。WHILE 语句和 FOR 语句都可以构成循环嵌套，循环嵌套后构成多层循环。常用的是两层循环，把外层循环称为外循环，内层的循环称为内循环。外循环每执行一次，内循环都要循环执行一遍。

3.3.7　GOTO 语句

GOTO 语句是程序内的无条件跳转语句，程序执行到 GOTO 时，直接跳转到 GOTO 后面标签语句指示的地方继续执行。GOTO 语句不能跳转到循环语句中。

例如：

```
next:
i := i + 1;
...
GOTO next;
```

标签是用于指示程序位置的语句，以便 GOTO 语句跳转到这里继续执行。例子中的“next”为标签。

3.3.8 等待语句

WaitTime 语句是等待一个指定的时间，程序再往下执行。

WaitUntil 语句是等待一个条件满足后，程序继续往下执行。

3.3.9 程序跳转语句

程序跳转语句有 3 条，见表 3-10。

表 3-10 程序跳转语句

指令	说明
ProcCall	用（跳转至）其他程序
CallByVar	调用无返回值程序
RETURN	返回原程序

CallByVar 只能被用来调用不带参数的程序，不能用来调用 LOCAL（本地）程序。

例如：调用 proc2 程序

```
reg1:=2;
CallByVar "proc".reg1;
```

终止程序执行语句，见表 3-11。

表 3-11 程序终止语句

指令	说明
Stop	停止程序执行
Exit	不允许程序重启时，终止程序执行过程
Break	跳出正在执行的程序
SystemStopAction	终止程序执行过程和机械臂移动
ExitCycle	终止当前循环，将程序指针移至主程序中第一个指令处

3.4 机器人基本运动控制

机器人的基本运动控制指令，见表 3-12。

表 3-12 机器人基本运动指令

指令	说明
MoveC	机器人做圆弧运动
MoveJ	通过关节移动机器人
MoveL	机器人做直线运动
MoveAbsJ	把机器人移动到绝对轴位置
MoveExtJ	移动一个或者多个没有 TCP 的机械单元

（续）

指令	说明
MoveCDO	圆周移动机器人并且在转角处设置数字输出
MoveJDO	通过关节运动移动机器人并且在转角处设定数字输出
MoveLDO	直线移动机器人并且在转角处设置数字输出
MoveCSync	圆周移动机器人，并且执行一个 RAPID 程序
MoveJSync	通过关节运动移动机器人，并且执行一个 RAPID 程序
MoveLSync	直线移动机器人并且执行一个 RAPID 程序

例 1　MoveC p1, p2, v500, z30, tool2;

工具 tool2 的 TCP 沿圆周运动到 p2，速度数据为 v500，TCP 运动转弯半径数据（以下简称 zone 数据）为 z30。圆周由开始点、中间点 p1 和目标点 p2 确定。

例 2　MoveC *, *, v500 \T:=5, fine, grip3;

工具 grip3 的 TCP 沿圆周运动到存储在指令中的 fine 点（第二个*标记）。中间点也存储在指令中（第一个*标记）。整个运动时间为 5s。

例 3　用 MoveC 画一个完整的圆，如图 3-6 所示。

```
MoveL p1, v500, fine, tool1;
MoveC p2, p3, v500, z20, tool1;
MoveC p4, p1, v500, fine, tool1;
```

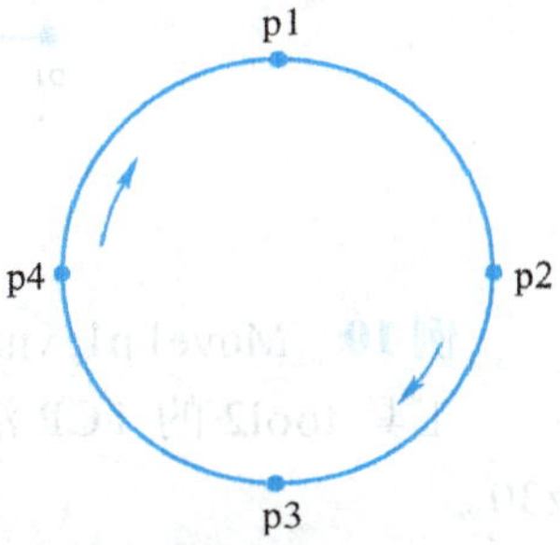

图 3-6　用 MoveC 画圆

例 4　MoveCSync p1, p2, v500, z30, tool2, "proc1";

工具 tool2 的 TCP 沿圆周移动到位置 p2，速度数据 v500，zone 数据 z30。圆周由开始点、中间点 p1 和目标点 p2 确定。在转角路径 p2 的中间位置，程序 proc1 开始执行。

例 5　MoveCDO p1, p2, v500, z30, tool2, do1, 1;

工具 tool2 的 TCP 沿圆周移动到位置 p2，速度数据 v500，zone 数据 z30。圆周由开始点、中间点 p1 和目标点 p2 确定。在转角路径 p2 的中间位置，设置输出 do1。

例 6　MoveL p1, v1000, z30, tool2;

工具 tool2 的 TCP 沿直线运动到位置 p1，数度数据为 v1000，zone 数据为 z30。

例 7　MoveL *, v1000\T:=5, fine, grip3;

工具 grip3 的 TCP 沿直线运动到存储在指令中的停止点（用*标记）。整个的运动过程需时 5s。

例 8　MoveLDO p2, v1000, z30, tool2, do1,1;

工具 tool2 的 TCP 沿直线运动到目标位置 p2，速度数据 v1000，zone 数据 z30。在 p1 的转角路径的中间位置，输出信号 do1 被置位，如图 3-7 所示。

例 9　MoveLSync p1, v1000, z30, tool2, "proc1";

工具 tool2 的 TCP 沿直线移动到位置 p1，速度数据 v1000，zone 数据 z30。在 p1 的转角路径的中间位置，程序 proc1 开始执行，如图 3-8 所示。

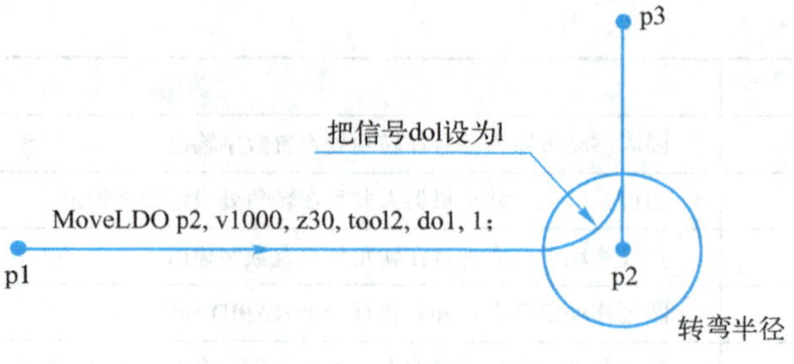

图 3-7 MoveLDO 指令运行

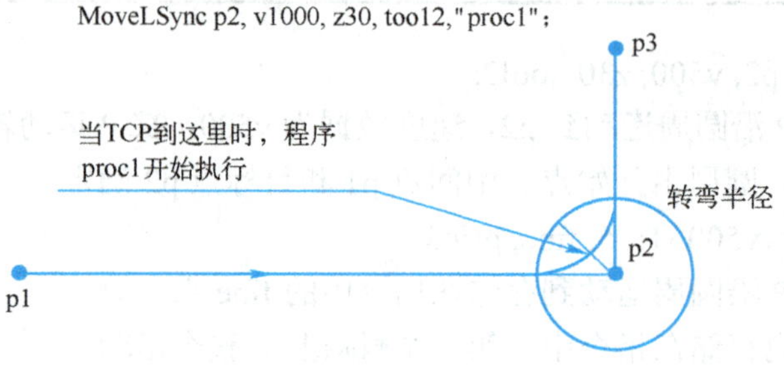

图 3-8 MoveLSync 指令运行

例 10 MoveJ p1, vmax, z30, tool2;

工具 tool2 的 TCP 沿着一个非线性路径到位置 p1，速度数据是 vmax，zone 数据是 z30。

例 11 MoveJ *, vmax \T:=5, fine, grip3;

工具 grip3 的 TCP 沿着一个非线性路径运动到存储在指令中的停止点（用*标记）。整个运动需时 5s。

例 12 MoveJSync p1, vmax, z30, tool2, "proc1";

工具 tool2 的 TCP 沿着一个非线性路径移动到位置 p1，速度数据 vmax，zone 数据 z30。在 p1 的转角路径的中间位置，程序 proc1 开始执行，如图 3-9 所示。

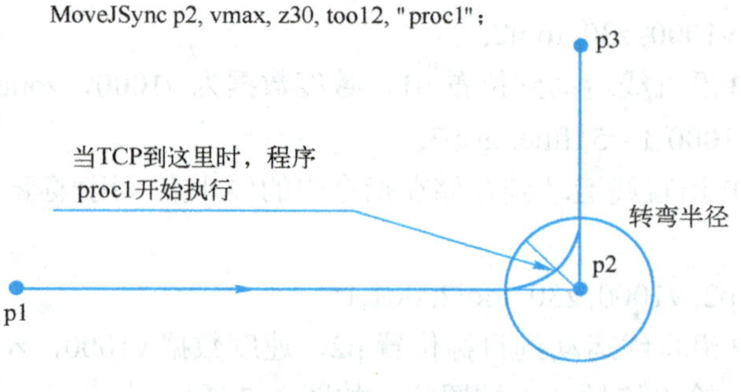

图 3-9 MoveJSync 指令运行

例 13 MoveJDO p2, vmax, z30, tool2, do1, 1;

工具 tool2 的 TCP 沿着一个非线性路径移动到目标位置 p2，速度数据 vmax，zone 数据 z30。在 p2 的转角路径的中间位置，输出信号 do1 被置位，如图 3-10 所示。

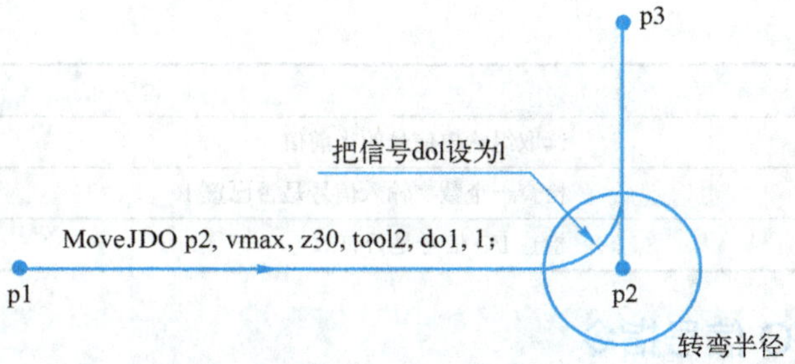

图 3-10　MoveJDO 指令运行

例 14　MoveAbsJ p50, v1000, z50, tool2;

机器人将携带工具 tool2 沿着一个非线性路径到绝对轴位置 p50，以速度数据 v1000 和 zone 数据 z50 运动。

例 15　MoveAbsJ *, v1000\T:=5, fine, grip3;

机器人将携带工具 grip3 沿着一个非线性路径到一个停止点，该停止点在指令中作为一个绝对轴位置存储（用*标示）。整个运动需时 5s。

3.5　I/O 信号设置

3.5.1　设置 I/O 信号指令

设置 I/O 信号指令说明见表 3-13。

表 3-13　设置信号指令

指令	说明
InvertDO	对一个数字输出信号的值置反
PulseDO	数字输出信号进行脉冲输出
Reset	将数字输出信号置为 0
Set	将数字输出信号置为 1
SetAO	设定模拟输出信号的值
SetDO	设定数字输出信号的值
SetGO	设定组输出信号的值

3.5.2　读取 I/O 信号指令

读取 I/O 信号指令说明见表 3-14。

表 3-14　读取信号指令

指令	说明
AOutput	读取模拟输出信号的当前值
DOutput	读取数字输出信号的当前值

（续）

指令	说明
GOutput	读取组输出信号的当前值
TestDI	检查一个数字输入信号是否已置1
ValidIO	检查I/O信号是否有效

3.5.3 等待I/O信号指令

等待I/O信号指令说明见表3-15。

表3-15 等待信号指令

指令	说明
WaitDI	等待一个数字输入信号的指定状态
WaitDO	等待一个数字输出信号的指定状态
WaitGI	等待一个组输入信号的指定值
WaitGO	等待一个组输出信号的指定值
WaitAI	等待一个模拟输入信号的指定值
WaitAO	等待一个模拟输出信号的指定值

例如：

```
Set do10_1;                        !设置 do10_1=1
Reset do10_1;                      !设置 do10_1=0
WaitDI di10_1,1;                   !等待 di10_1=1
WaitDO do10_1,1;                   !等待 do10_1=1
WaitUntil flag1=true               !等待 flag1 为真
```

3.5.4 I/O模块的控制指令

I/O模块的控制指令及说明见表3-16。

表3-16 I/O模块控制指令

指令	说明
IODisable	关闭一个I/O模块
IOEnable	开启一个I/O模块

3.6 常用函数

3.6.1 简单运算函数

简单运算函数及说明见表3-17。

表3-17 简单运算函数

函数名	说明
Clear	清空数值
Add	加或减操作

（续）

函数名	说明
Incr	加 1 操作
Decr	减 1 操作

例 16 Add reg1，3；

将 3 增加到 reg1，即 reg1=reg1+3。

例 17 Add reg1，-reg2

从 reg1 减去 reg2，即 reg1=reg1-reg2。

3.6.2 算术函数

算术运算函数及说明见表 3-18。

表 3-18 算术运算函数

函数名	说明
Abs	取绝对值
Round	四舍五入
Trunc	舍位操作
Sqrt	计算平方根
Exp	计算指数值 e^x
Pow	计算指数值
ACos	计算圆弧余弦值
ASin	计算圆弧正弦值
ATan	计算圆弧正切值[-90,90]
ATan2	计算圆弧正切值[-180,180]
Cos	计算余弦值
Sin	计算正弦值
Tan	计算正切值
EulerZYX	从姿态计算欧拉角
OrientZYX	从欧拉角计算姿态

3.6.3 位函数

位运算函数及说明见表 3-19。

表 3-19 位运算函数

函数名	说明
BitClear	清除某一已定义字节或 dnum 数据中的一个特定位
BitSet	将某一已定义字节或 dnum 数据中的一个特定位设为 1
BitAnd	在数据类型字节上执行一次逻辑逐位与（AND）运算
BitCheck	检查已定义字节数据中的某个指定位是否被设置成 1
BitNeg	在数据类型字节上执行一次逻辑逐位非（NEGATION）运算

（续）

函数名	说明
BitOr	在数据类型字节上执行一次逻辑逐位或（OR）运算
BitLSh	在数据类型字节上执行一次逻辑逐位左移（LEFTSHIFT）运算

3.6.4 字符串函数

字符串运算函数及说明见表 3-20。

表 3-20 字符串运算函数

函数名	说明
StrLen	查找字符串长度
StrPart	获取部分字符串
StrFind	在字符串中搜索字符
StrOrder	检查字符串是否有序
NumToStr	将一个数值转换为一段字符串
ValToStr	将一个值转换为一段字符串
StrToVal	将一段字符串转换为一个值
StrToByte	将一段字符串转换为一个字节
DecToHex	将十进制可读字符串中指定的一个数字转换成十六进制

3.6.5 位置函数

位置函数及说明见表 3-21。

表 3-21 位置函数

函数名	说明
Offs	设置机器人位置偏移
RelTool	对工具的位置和姿态进行偏移
CalcRobT	从 jointtarget 计算出 robtarget
CPos	读取机器人当前的 *X*、*Y*、*Z*
CRobT	读取机器人当前的 robtarget
CJointT	读取机器人当前的关节轴角度
ReadMotor	读取轴电动机当前的角度
CTool	读取工具坐标当前的数据
CWObj	读取工件坐标当前的数据
MirPos	镜像一个位置
CalcJointT	从 robtarget 计算出 jointtarget
Distance	计算两个位置的距离

（续）

函数名	说明
PFRestart	检查当路径因电源关闭而中断的时候
CSpeedOverride	读取当前使用的速度倍率

3.7 程序的编辑与调试

编写 RAPID 程序的基本步骤如下。

1）确定需要多少个程序模块。程序模块的数量取决于应用的复杂性，可以根据情况把位置计算、程序数据、逻辑控制等分配到不同的程序模块，方便后期管理和使用。

2）确定各个程序模块中要建立的例行程序，不同的功能放到不同的程序模块中，如夹具打开、关闭可以分别建立例行程序，方便调用，如图 3-11 所示。

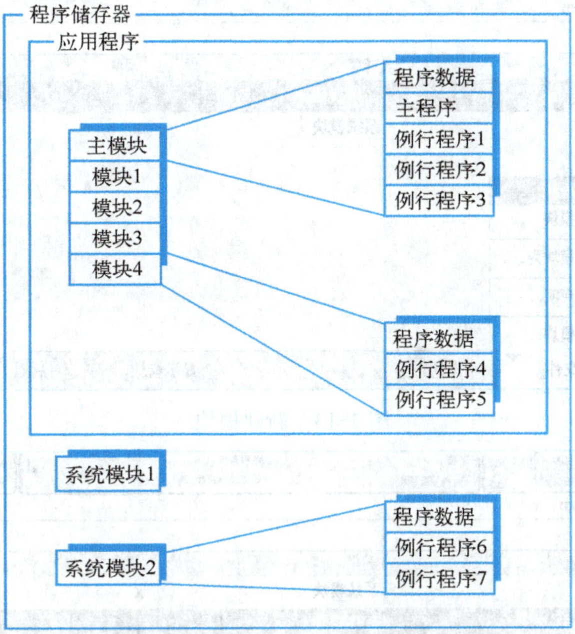

图 3-11 RAPID 程序模块结构

3.7.1 建立编辑 RAPID 程序

如图 3-12 所示，机器人空闲时，在位置点 pHome 等待。外部信号 di1 输入为 1 时，机器人沿着物体的一条边从 p10 到 p20 走一条直线，结束后回到 pHome 点，如图 3-12 所示。

单击“ABB”按钮，选择“程序编辑器”。如果还未建立过程序模块，会出现“无程序”的提示信息，单击“取消”按钮。单击左下方的“文件”菜单，选择“新建模块”选项，在随后的对话框中新建立的模块名，默认为“Module1”，如图 3-13 和图 3-14 所示。

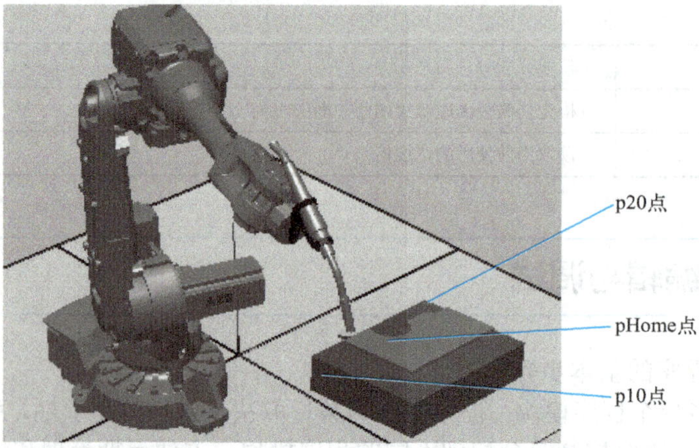

图 3-12 机器人等待点

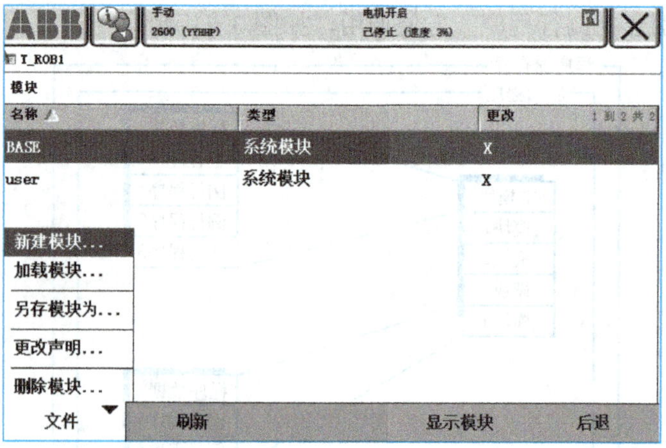

图 3-13 新建模块

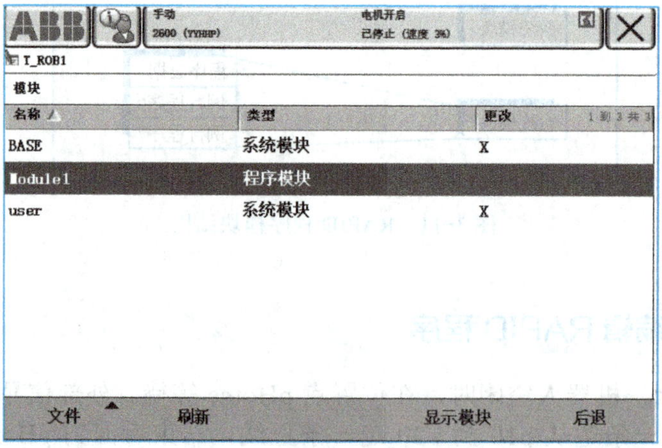

图 3-14 选择建立的模块

选中“Module1”，单击右下方的“显示模块”按钮，然后单击右侧的“例行程序”，在随后的界面中单击右下方“文件”菜单，选择“新建例行程序”选项，将其命名为“main”来建立主程序，如图 3-15 所示。然后单击“确定”按钮。

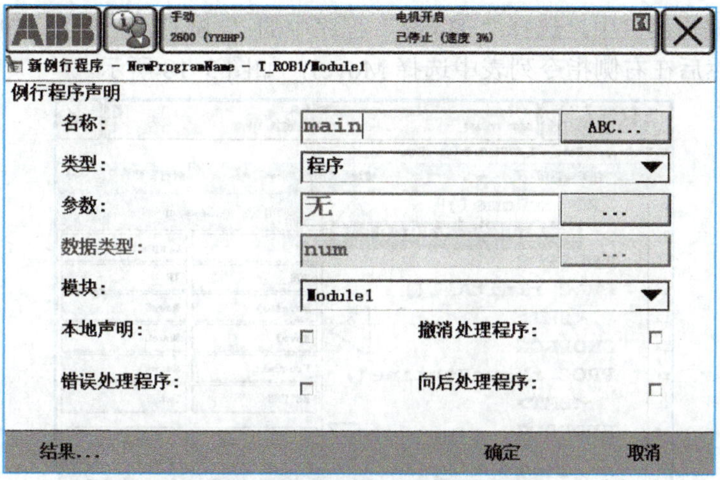

图 3-15　新建 main 程序

重复上述步骤，分别再建立 3 个例行程序：rHome 用于机器人回等待位；rInitAll 用于初始化；rMoveRoutine 用于存放直线运动路径，如图 3-16 所示。

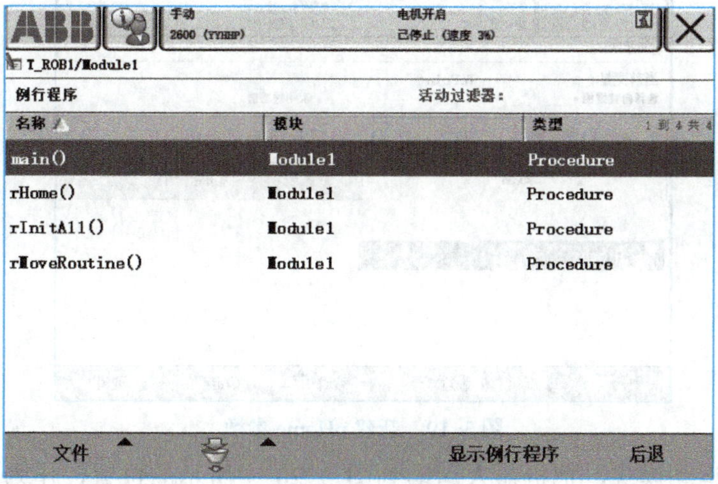

图 3-16　建立其余的例行程序

在“手动操纵”菜单中确认要使用的工具坐标和工件坐标，如图 3-17 所示。

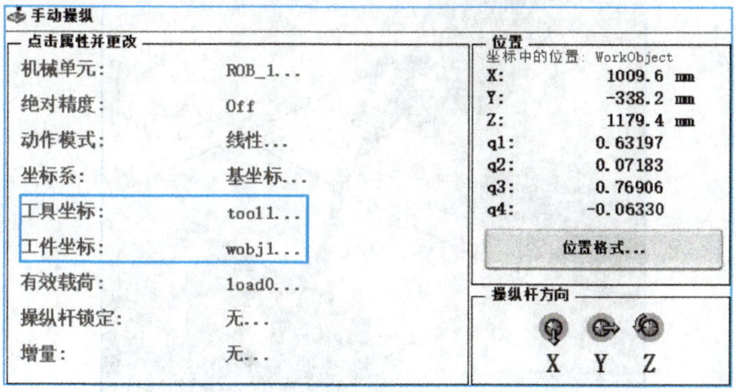

图 3-17　确定工具坐标和工件坐标

回到“程序编辑器”中，选择“rHome”程序中的“<SMT>”选项，单击左下方的“添加指令”按钮，然后在右侧指令列表中选择 MoveJ，如图 3-18 所示。

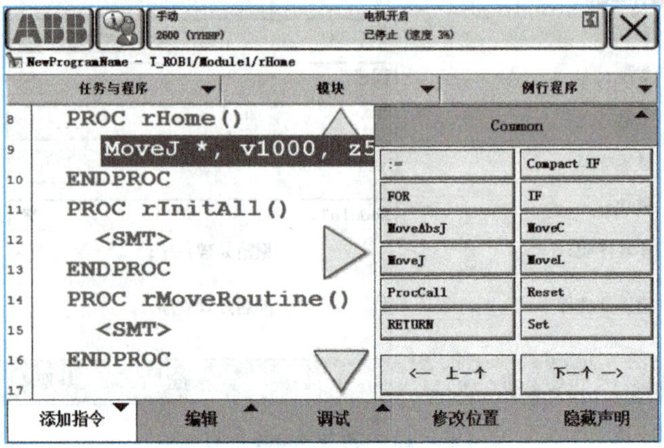

图 3-18 添加运动指令

通过新建并选择相应的参数，设定为如图 3-19 所示的数据。

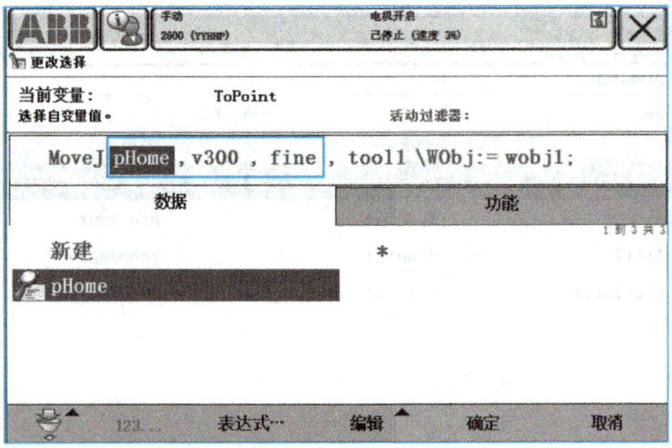

图 3-19 新建 pHome 参数

选择合适的运动模式，把机器人运动到图 3-20 中所示的位置，作为机器人的空闲等待点。

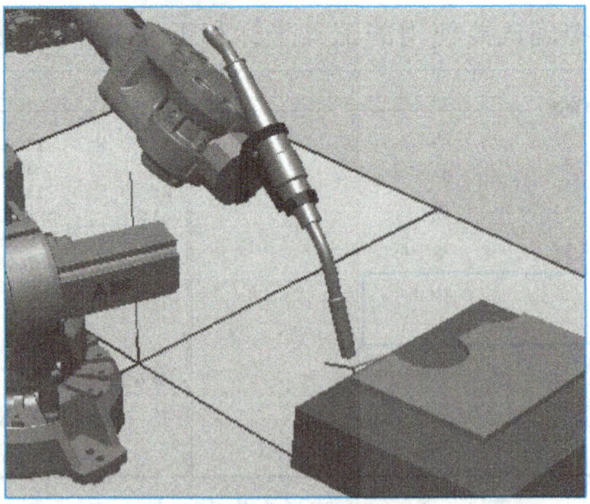

图 3-20 机器人 rHome 点

然后选中“pHome”，单击“修改位置”按钮，在“确认修改位置”提示信息中单击“修改”按钮，把机器人的当前位置数据记录下来，如图 3-21 所示。

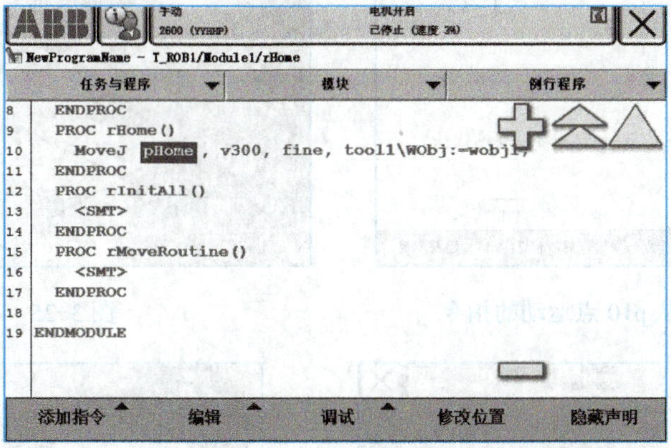

图 3-21　记录 pHome 位置数据

单击“例行程序”按钮，选中“rInitAll”，单击“显示例行程序”。在此例行程序中，加入在程序正式运行前需要做初始化的内容，如速度限制，夹具复位等。可根据实际情况添加。本例中，在 rInitAll 添加两条速度控制指令（在指令列表的 Settings 类别中）和调用回等待位的例行程序 rHome（在指令列表的 Common 类别单击 ProcCall 选择 rHome），如图 3-22、图 3-23 所示。

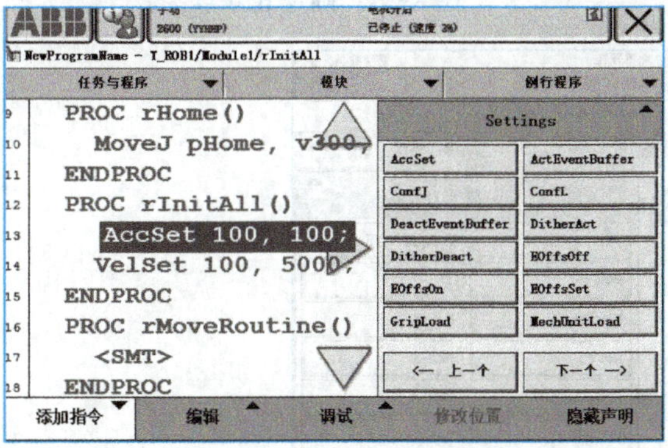

图 3-22　添加指令

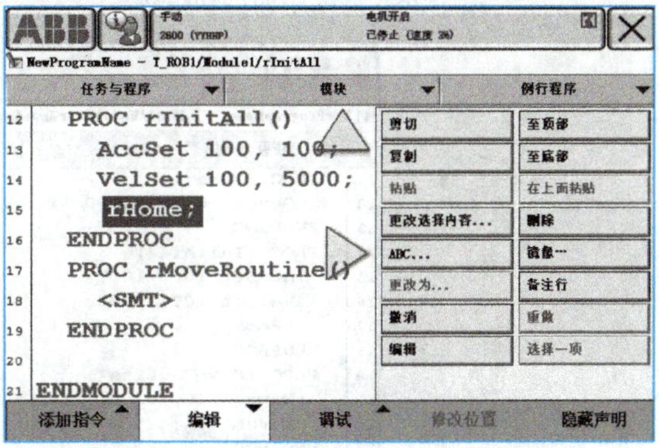

图 3-23　调用例行程序

单击“例行程序”按钮，选中“rMoveRoutine”例行程序，单击“显示例行程序”，添加“MoveJ”指令，设置参数为图 3-24 中所示。

选择合适的运动模式，把机器人运动到图 3-25 中所示的位置，作为机器人的 p10 点。

选中“p10”点，然后在图 3-24 所示界面中单击“修改位置”按钮，把机器人的当前位置记录到 p10 中。继续在下方添加“MoveL”指令，将参数设置为如图 3-26 所示。

选择合适的运动模式，把机器人运动到图 3-27 中所示的位置，作为机器人的 p20 点。

选中“p20”点，单击“修改位置”按钮，把机器人的当前位置记录到 p20 中，如图 3-28 所示。

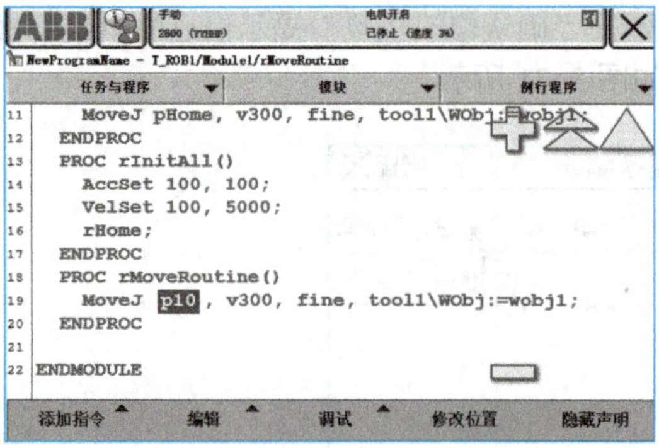

图 3-24　添加从 p10 点运动的指令

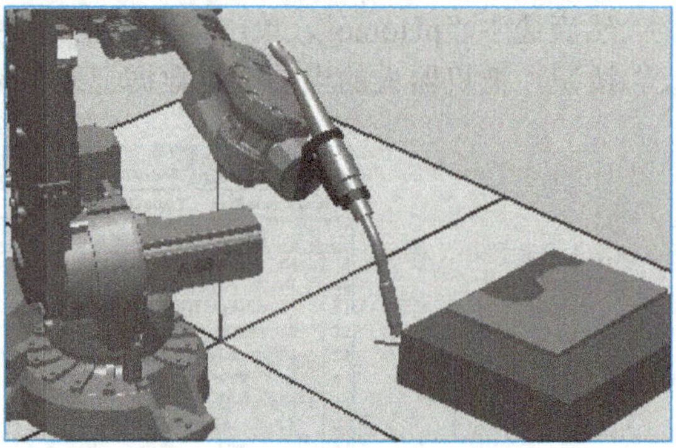

图 3-25　确定 p10 点

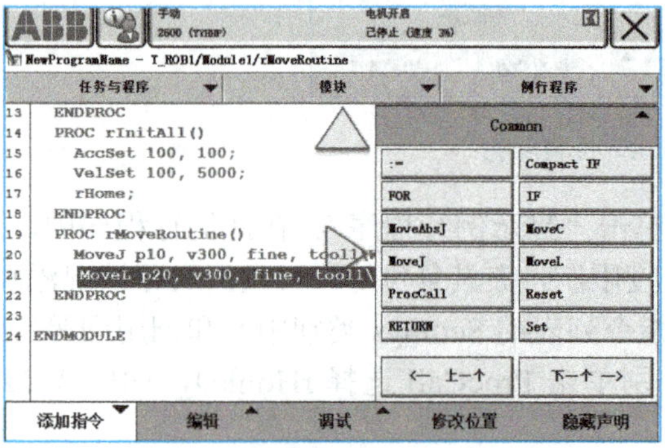

图 3-26　继续添加运动指令

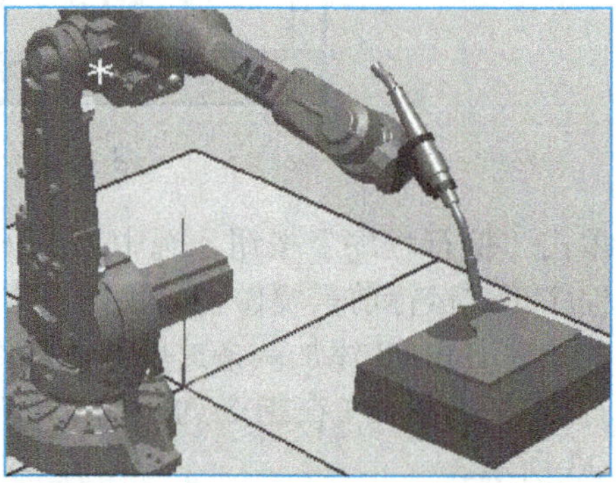

图 3-27　确定 p20 点

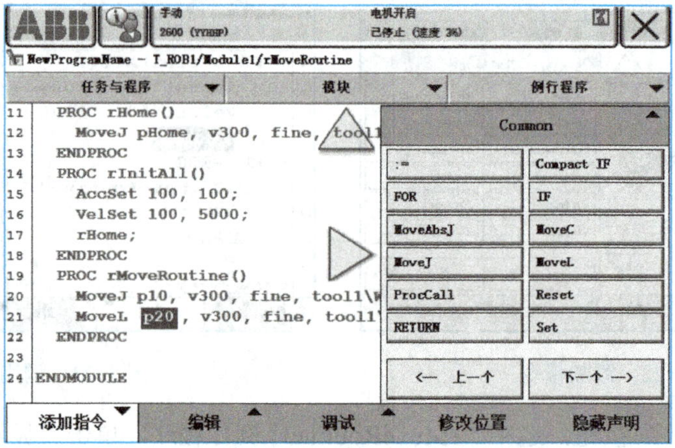

图 3-28　记录 p20 点位置数据

选中“main”程序，在开始位置调用初始化例行程序。然后添加“WHILE”指令，将条件设置为“TRUE”。在“WHILE”指令中添加“IF”指令。选择“IF”指令的“<EXP>”，单击下方的“编辑”按钮，选择右侧“ABC...”，使用软键盘输入“di1=1”，单击“确定”按钮。如图 3-29 所示。

在“IF”语句中调用例行程序 rMoveRoutine 和 rHome，在“IF”语句后面添加 WaitTime 指令，等待 0.3s。如图 3-30 所示。

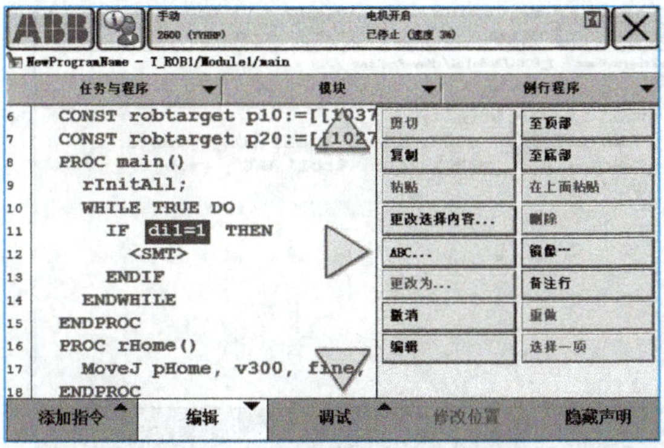

图 3-29　添加 IF 语句

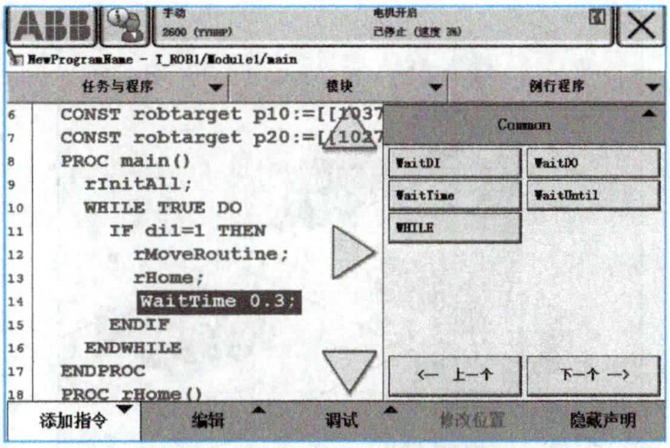

图 3-30　在 IF 语句中调用例行程序

主程序运行时，先调用初始化程序执行初始化设置；然后进入“WHILE”循环，不断检测 di1 信号是否为 1，如果为 1，就执行路径程序。等待 0.3s 是为了防止 CPU 过载。

单击“调试”菜单，单击“检查程序”，可以对程序进行语法检查。如果 di1 信号未定义，会出现错误提示，可参考前面章节内容定义 di1 信号，再次进行检查，直到程序没有错误。

3.7.2　调试程序

完成了程序编辑后，需要对程序进行调试，调试的目的一是检查程序的位置点是否正确；二是检查程序的逻辑控制是否有不准确的地方。

在“程序编辑器”中打开“调试”菜单，选择“PP 移至例行程序”，选中“rHome”程序，单击“确定”按钮。PP 是程序指针，指向将要执行的指令。如图 3-31 所示。

按下使能按钮，开启电动机，按一下“单步向前”键，观察机器人运动情况。在按下“程序停止”键后，才可松开使能按钮。

在指令左侧出现一个小机器人，说明机器人已到达 pHome 这个等待位置，如图 3-32、图 3-33 所示。

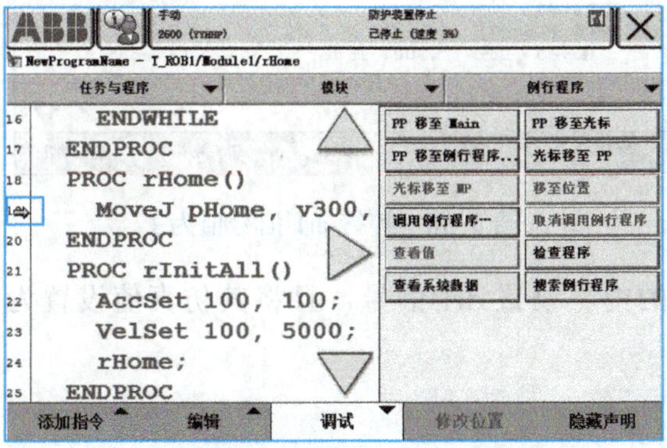

图 3-31　移动 PP 指针到调试位置

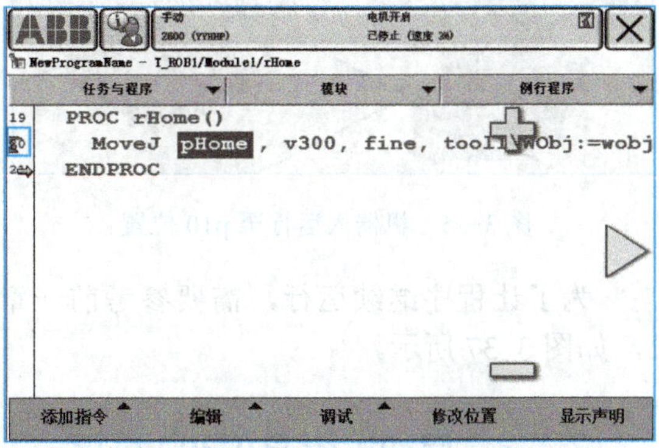

图 3-32　调试 rHome 程序

打开“程序编辑器”的“调试”菜单，选择“PP 移至例行程序”，选中“rMoveRoutine”例行程序，然后单步运行程序，如图 3-34 所示。

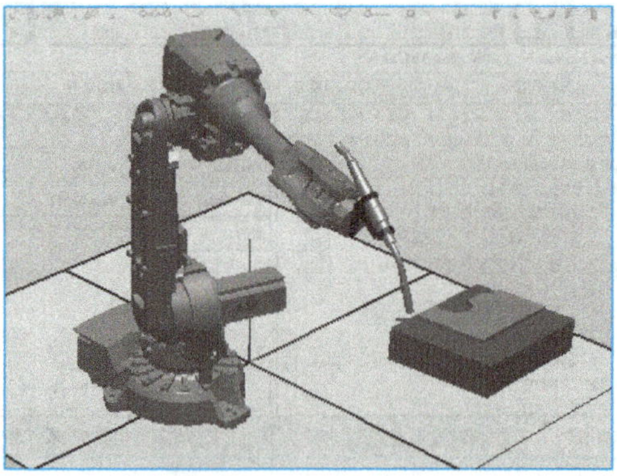

图 3-33 机器人运行至 pHome 位置

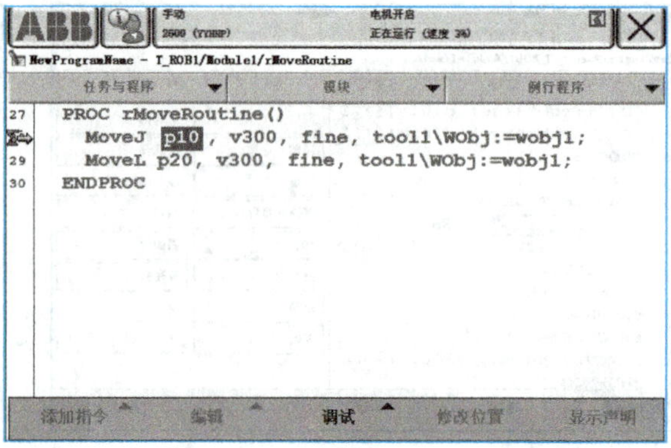

图 3-34 调试 rMoveRoutine 程序

观察机器人位置是否符合预期设定值，如图 3-35 所示。

机器人 TCP 从 p10 到 p20 进行线性运动。

选中要调试的指令后，使用“PP 移至光标”，可以将程序指针移至想要执行的指令，进行调试运行。此功能只能将 PP 指针在同一个例行程序中跳转。如要将 PP 移至其他例行程序，可使用“PP 移至例行程序”功能。

打开“调试”菜单，单击“PP 移至 Main”，PP 指针会自动指向主程序的第一句指令。按下使能按钮，开启电动机，按一下“程序启动”键，即可运行整个程序。观察机器人的移动，同样的，只有在按下“程序停止”键后，才可以松开使能按钮。由于 Main 程序中要判断 di1 信号值是否为 1，如果 di1 信号的值为 0，程序会一直停在这里，如图 3-36 所示。

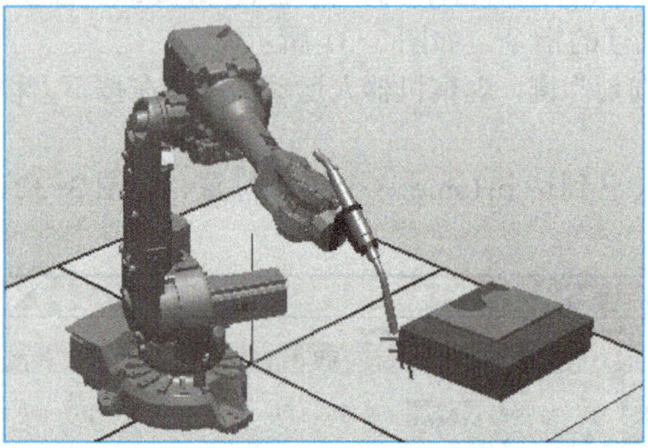

图 3-35 机器人运行至 p10 位置

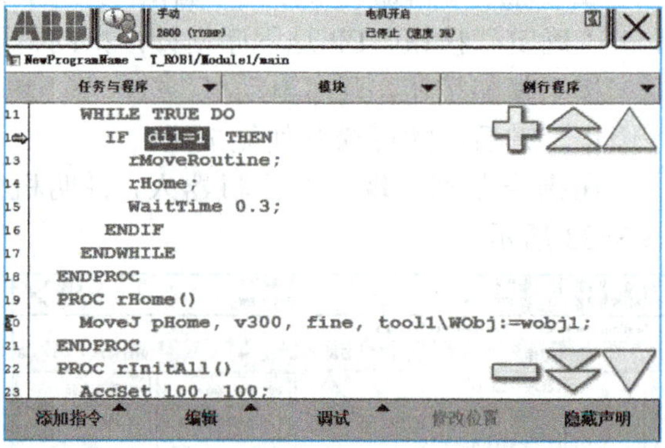

图 3-36 等待 di1 信号值为 1

为了让程序继续运行，需要参考前一章节的内容设置 di1 信号，且将其仿真值设置为 1，如图 3-37 所示。

3.7.3 自动运行 RAPID 程序

在手动状态下，程序调试完成后，可以将机器人系统投入自动运行状态。将状态钥匙旋至左侧的自动状态。在“程序编辑器”的“调试”界面单击“PP 移至 Main”选项，将 PP 指针指向主程序的第一句指令。按下白色按钮，启动电动机。按下“程序启动”按钮。这时可以看到程序已在自动运行中。

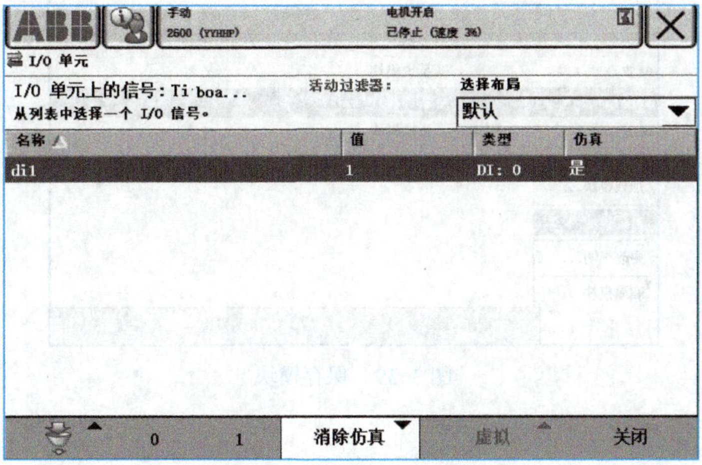

图 3-37　仿真 di1 信号

单击“快捷菜单”按钮，单击“速度”按钮（第五个按钮），可以在此设置程序中机器人运动的速度，如图 3-38 所示。

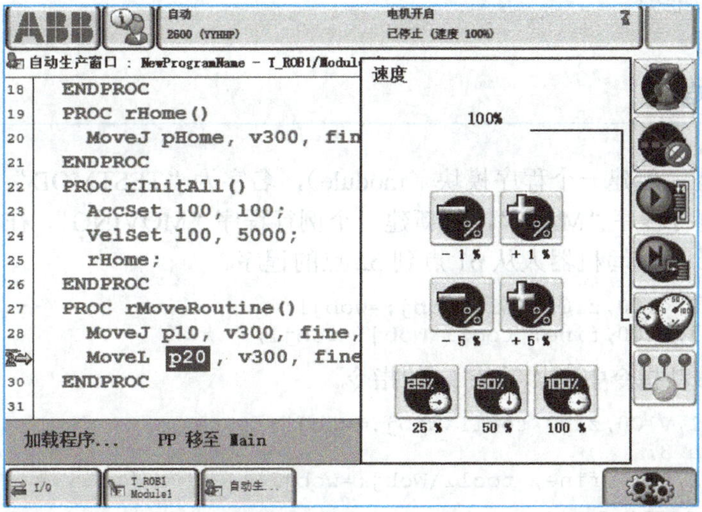

图 3-38　设置机器人运动的速度

3.7.4　保存 RAPID 程序模块

在程序调试完成且确定自动运行符合设计要求后，可以把写好的程序模块保存到机器人的硬盘或外置 U 盘上。

打开“程序编辑器”，单击“模块”标签，选中需要保存的程序模块。打开“文件”菜单，选择“另存模块为...”，可以将程序模块保存到机器人硬盘或 U 盘中，如图 3-39 所示。

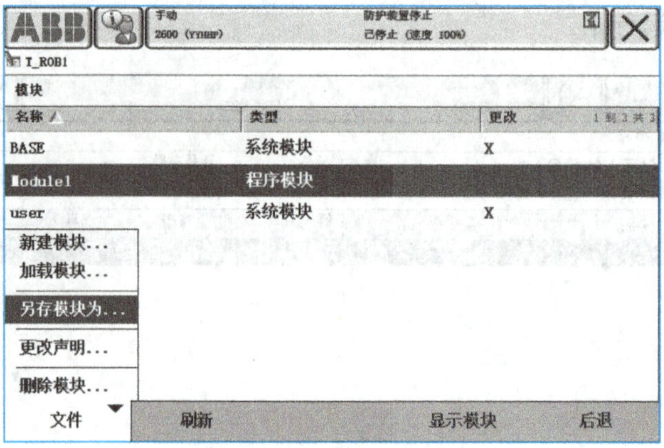

图 3-39 保存模块

知识、技能归纳

掌握工业机器人仿真软件的安装、工作站的构建、基本操作和软件指令应用，通过完成直线、圆弧运动等任务，学习机器人的基本指令操作，同时在日常使用工业机器人时，一定要注意对其维修和维护。

工程素质培养

认识程序结构：新建一个程序模块（module），名字为“TESTMOD”，在新建的程序模块里，新建一个例行程序“MAIN”，再新建一个例行程序“MOVING”，在 MOVING 例行程序中用 MoveJ 指令，编写机器人从 p1 点到 p2 点的程序。

```
MoveJ p1,v100,z10,tool1\Wobj:=wobj1;
MoveL p2,v100,fine, tool1\Wobj:=wobj1;
```

在上述两条移动指令中增加等待 3s 的指令。

```
MoveJ p1,v100,z10, tool1\Wobj:=wobj1;
WaitTime 3;
MoveL p2,v100,fine, tool1\Wobj:=wobj1;
```

对 I/O 信号进行置位和复位。

```
Set   do1;
Reset do1;
```

完成以下操作：

① 将 MOVING 添加到 MAIN 主程序中去。

② 练习将程序指针（PP）移到主程序（MAIN）。

③ 将程序指针（PP）移动到想要的例行程序（MOVING）。

④ 在例行程序里，将程序指针（PP）移到想要的那一句指令。

⑤ 单步向前/向后调试编写的程序，使机器人进入自动运行。

⑥ 保存所编辑的程序模块，了解 MoveAbsJ 指令的使用。

第 4 章　工业机器人编程应用

机器人点坐标及其移动始终与机器人工具坐标系（即 TCP 和工具装置方向）相关联。要获得机器人的最佳性能，必须尽可能正确定义工具中心点。机器人主要用于表面处理操作，这意味着机械臂手腕前部的附件上需要安装某种工具装置。为了使控制系统支持不同类型的工具装置，必须在系统中输入一系列名为工具数据的参数。

4.1 编程应用步骤

编程应用的一般步骤如下。

1）搭建工作站。

2）六轴原点校正。

3）设置重要的程序数据。

4）设置 I/O 板与 I/O 信号。

5）编写程序。

6）调试程序。

7）投入运行。

4.2 搭建工作站

首先进行 I-启动，将之前设定的程序数据和信号全部清除掉，在示教器控制面板中将语言设定成中文，如图 4-1 所示。

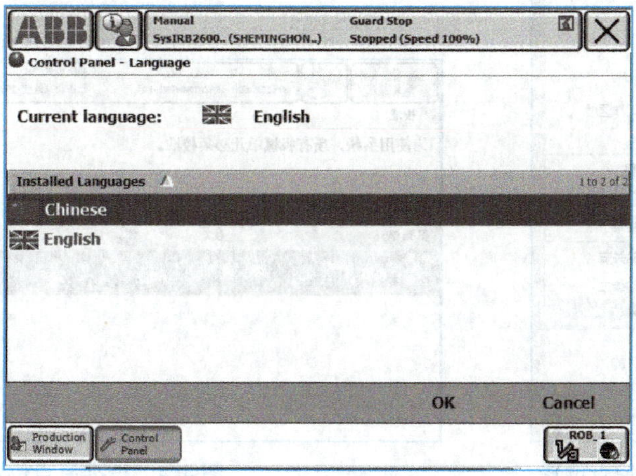

图 4-1　设置示教器语言

创建如图 4-2 所示的工作站。建立工作站的方法见 1.3.2 节中的步骤。

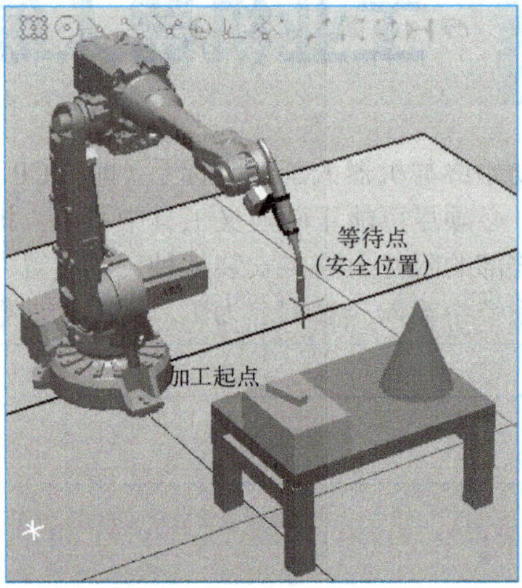

图 4-2 创建的工作站

4.3 六轴原点校正

选择“基本”菜单，在左侧的窗口中，右击机器人系统名称，在弹出的菜单中选择“回到机械原点”，使用单轴运动让 6 个轴回到机械原点的位置，如图 4-3 所示。

单击“校准”按钮，为了能顺利使用系统，必须校准所有机械单元，如图 4-4 所示。

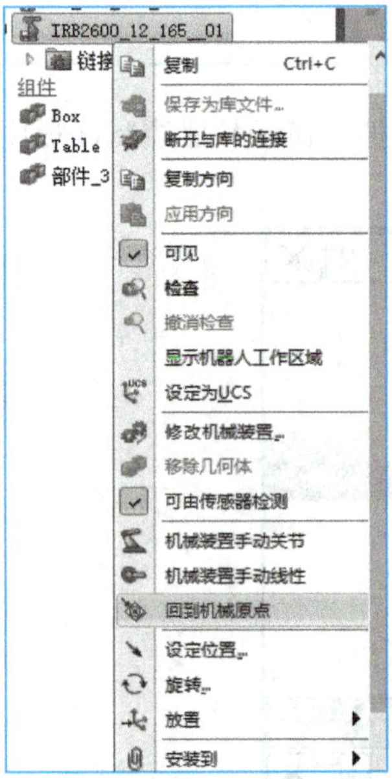

图 4-3 设置机械原点位置

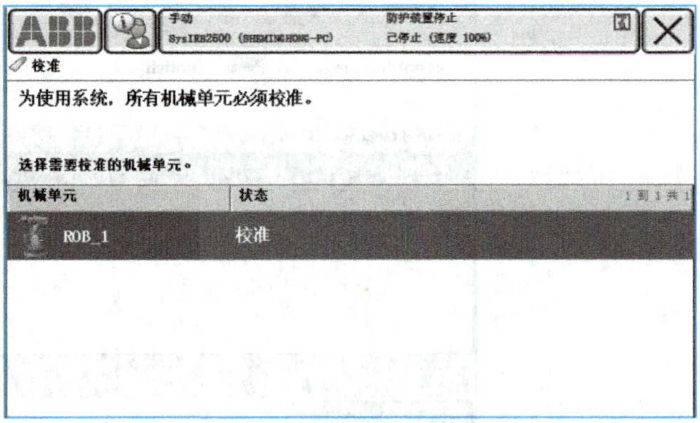

图 4-4 校准原点位置

单击“全选”按钮，全选 6 个轴，再单击“更新”按钮，全部更新，如图 4-5 所示。

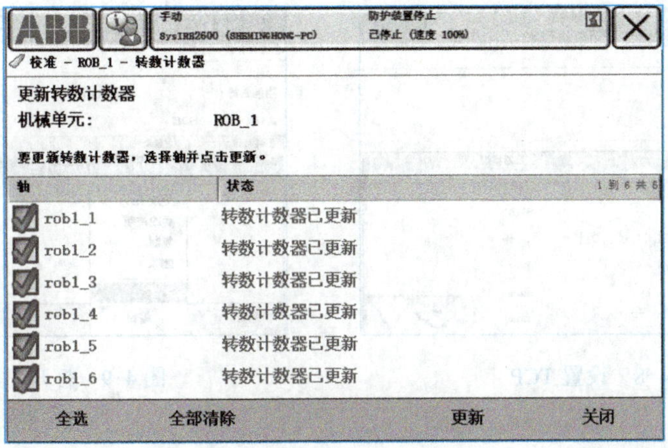

图 4-5　展开全选 6 个轴

4.4 设置 3 个重要的程序数据

1. 设置工具坐标

单击示教器中单元 ABB 按钮，选择手动操纵，如图 4-6 所示。单击“工具坐标”，单击“新建...”，新建工具，并命名为“hanqiang”，如图 4-7 所示。

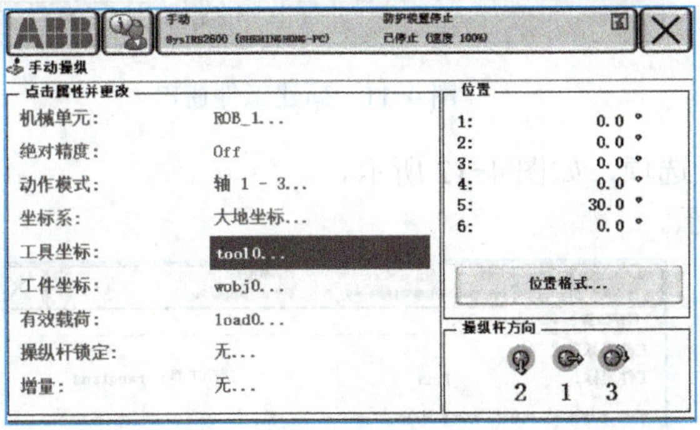

图 4-6　设置工具坐标

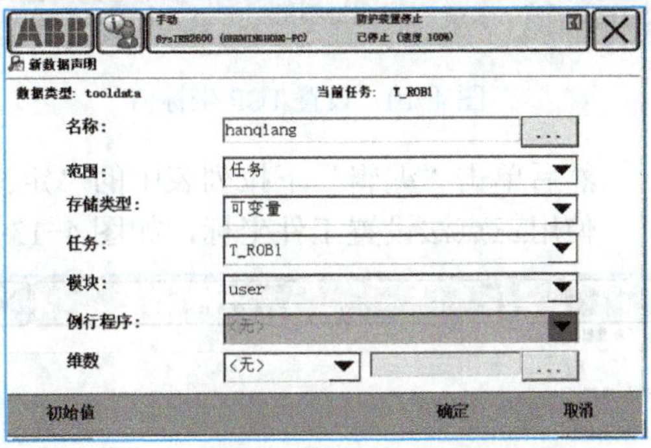

图 4-7　新建工具

单击“确定”按钮，单击“编辑”菜单中的“更改值”，通过“trans”可以设置 TCP（也可以使用四点法来确认），如图 4-8 所示；重量“mass”设定为 2kg，重心“cog”设定为 x=−50，y=0，z=100，最后单击“确定”按钮。

也可以单击“编辑”菜单中的“定义”，使用四点法设定 TCP 的位置，如图 4-9 所示。

在调整 TCP 的时候注意避免奇点的问题。奇点是第 5 轴为 0°，第 4 轴和第 6 轴的度数相等，只需要将第 5 轴的角度通过线性运动稍微调整就可以避免，如图 4-10 所示。

为了验证 TCP 是否设置精确，可以使用重定位运动进行测试检验。

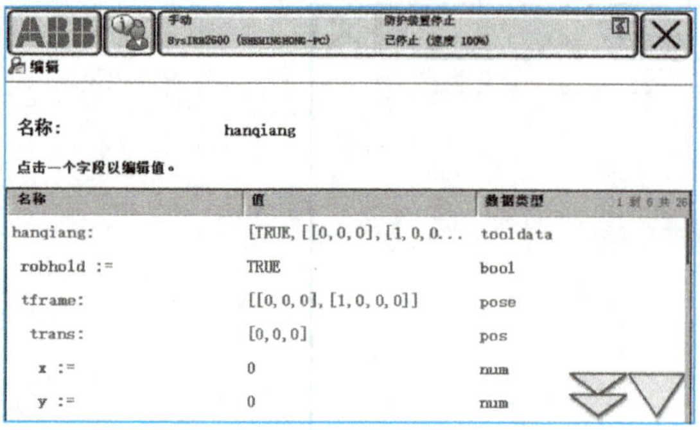

图 4-8 设置 TCP

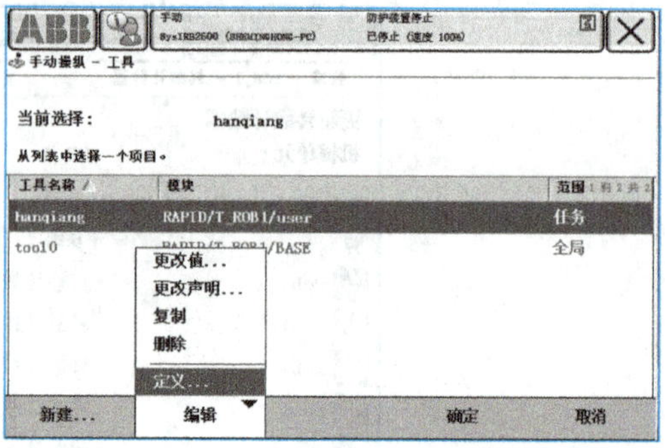

图 4-9 打开工具坐标窗口

2. 新建工件

新建工件，并命名为“hezi”，设置工件坐标，如图 4-11 所示。

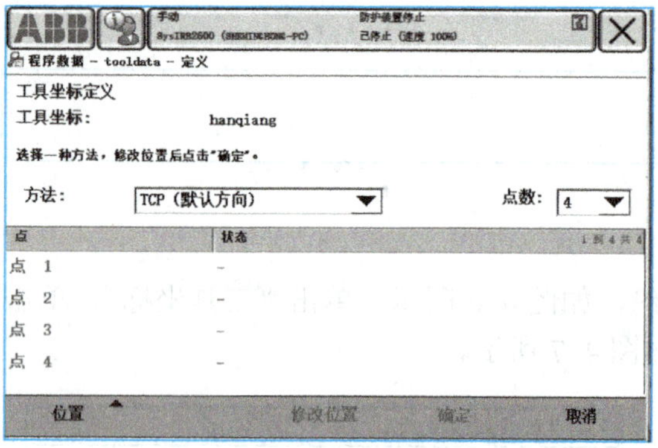

图 4-10 设置 TCP 坐标值

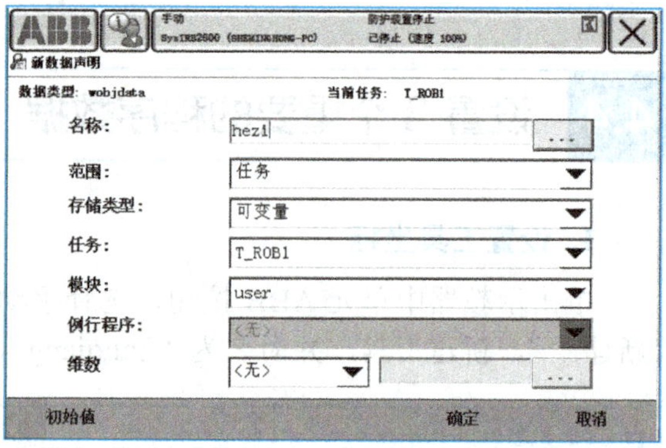

图 4-11 新建工件窗口

然后单击“编辑”下拉列表中的“定义”选项，如图 4-12 所示。

使用三点法设置工件坐标，如图 4-13 所示。

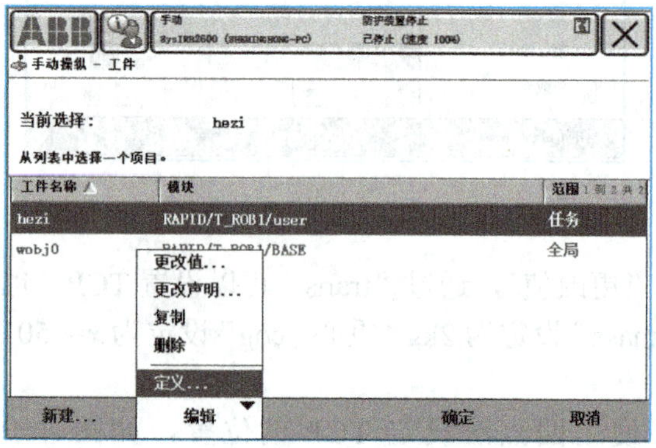

图 4-12 打开定义工具窗口

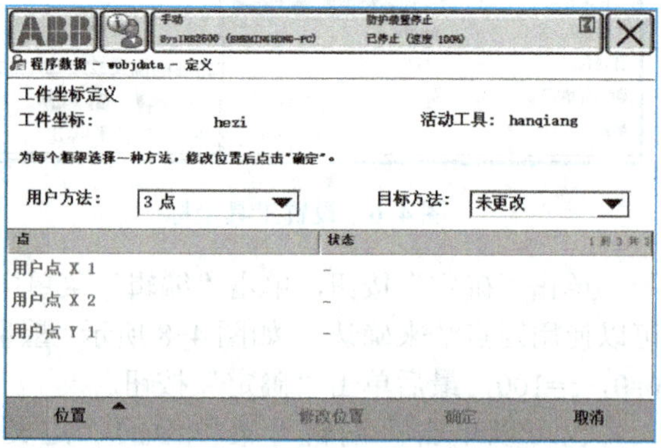

图 4-13 使用“三点法”设置工具坐标窗口

3. 设置有效载荷

新建载荷数据“banyun”，并设定其初始值，如图 4-14 所示。

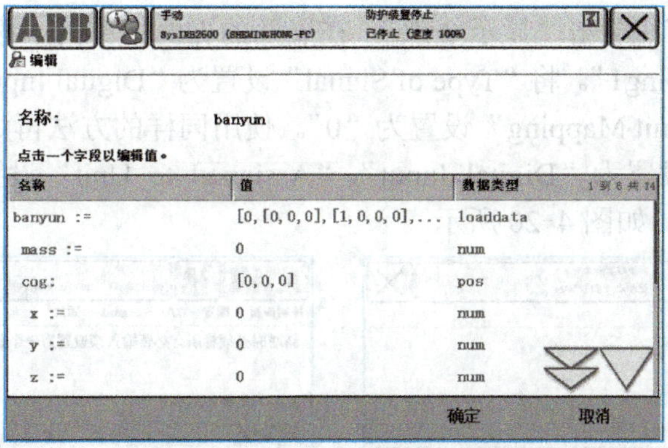

图 4-14　新建并初始化载荷数据

4.5 设置 I/O 板与 I/O 信号

在 ABB 控制面板中单击“配置”，如图 4-15 所示。

选择“Unit”，如图 4-16 所示。单击“显示全部”按钮，如图 4-17 所示，在展开的界面中单击“添加”按钮，弹出如图 4-18 所示的添加数据单元界面。单击“Name”，命名为“dsqc652”，单击“Type of Unit”，将单元类型设置为“d652”，“Connected to Bus”设置为“DeviceNet1”，“DeviceNet Address”设置为“10”。

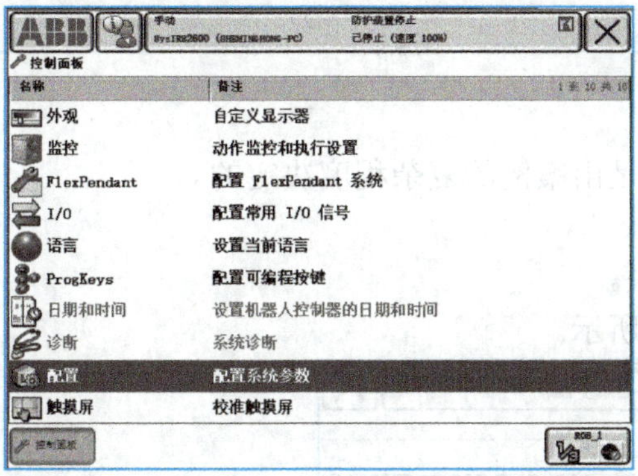

图 4-15　设置系统参数

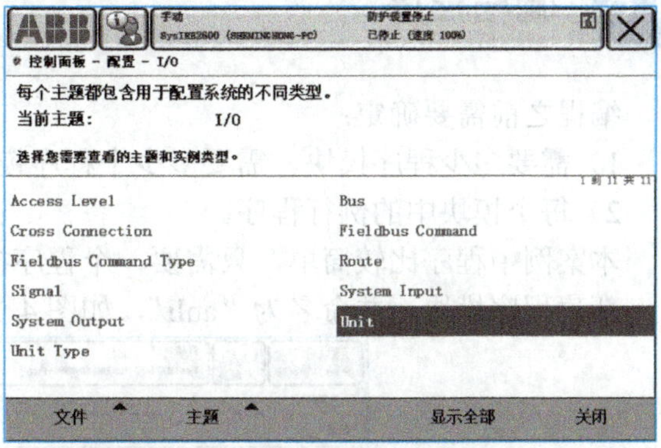

图 4-16　配置 I/O

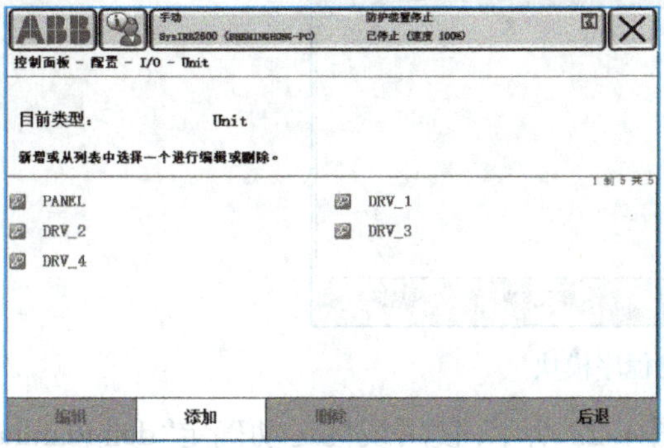

图 4-17　设置 I/O 板的名称

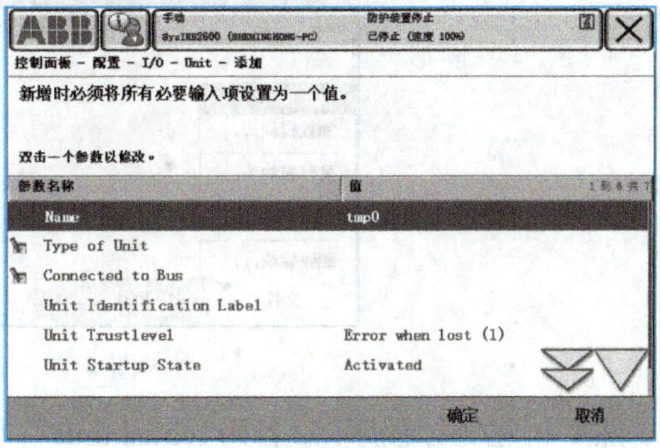

图 4-18　添加数据单元

然后选择“Signal”，单击“显示全部”，在展开的界面中单击“添加”按钮，如图4-19所示，添加信号“Dillujing1”。将“Type of Signal”设置为“Digital Input”，“Assigned to Unit”设置为“dsqc652”，“Unit Mapping”设置为“0”。使用同样的方法再添加信号“Di2lujing2”，将“Type of Signal”设置为“Digital Input”，“Assigned to Unit”设置为“dsqc652”，“Unit Mapping”设置为“1”，如图4-20所示。

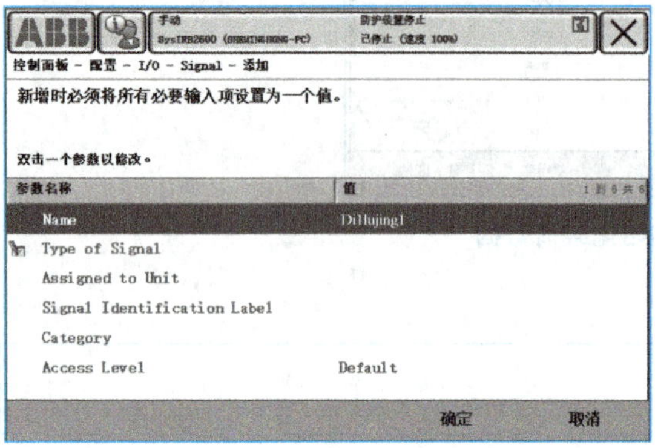

图4-19 添加信号数据

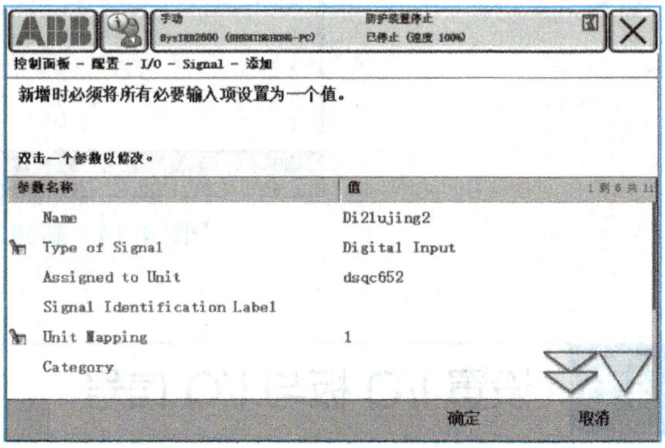

图4-20 设定信号数据

再添加一个“do1hanqiang”信号，将“Type of Signal”设置为“Digital Output”，“Assigned to Unit”设置为“dsqc652”，“Unit Mapping”设置为“0”，然后重启。

4.6 编写程序

编程之前需要确定：

1）需要多少程序模块。需要多少个程序模块是由案例的复杂程度决定的。

2）每个模块中的例行程序。

本案例中程序比较简单，只需要一个程序模块。

新建程序模块，并命名为“anli”，如图4-21所示。

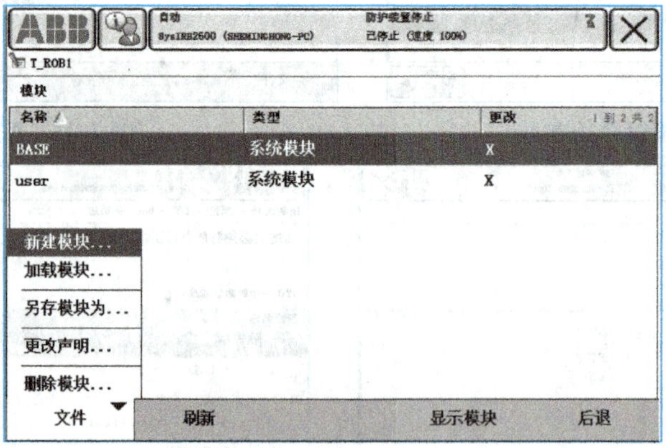

图4-21 新建程序模块

然后新建例行程序，命名为“chushihua”，如图4-22所示，使用线性运动确定“dengdaidian”的坐标位置。

再新建两条运动轨迹的例行程序“lujing1”“lujing2”和主程序“main”，如图 4-23 所示。

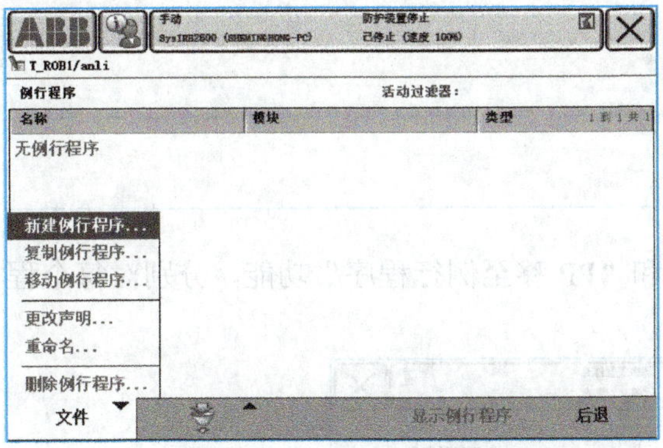

图 4-22　新建对应的例行程序

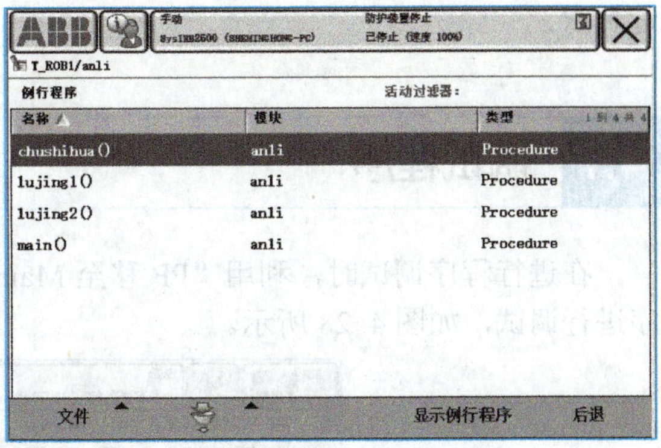

图 4-23　命名对应的例行程序

给“chushihua”程序添加指令，如图 4-24 所示。

在“lujing1”中添加如下命令，使用线性运动确定“jiagongqidian”“guaidian1”和“zhongdian”的坐标位置，如图 4-25 所示。

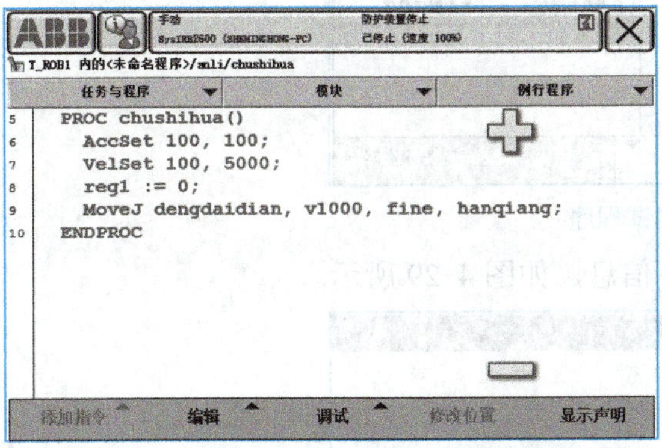

图 4-24　给初始化程序添加指令

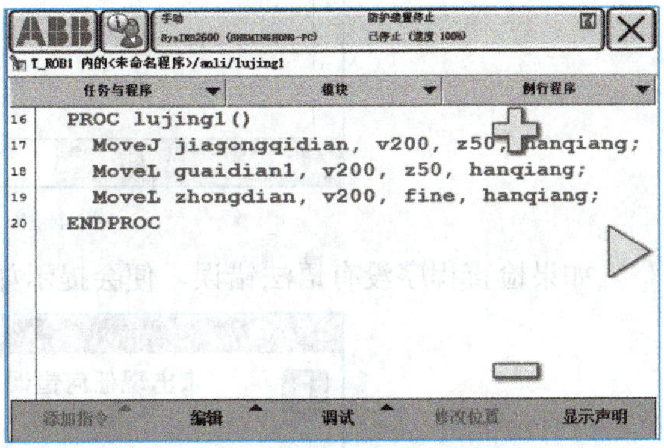

图 4-25　给新建路径 1 程序添加指令

“lujing2”与“lujing1”的设置类似，使用线性运动确定“guaidian2”的坐标位置，如图 4-26 所示。

根据功能设计编写主程序“main”，如图 4-27 所示。

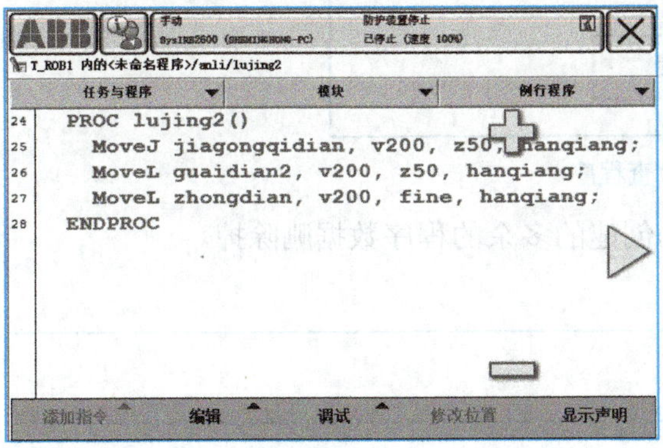

图 4-26　给新建路径 2 程序添加指令

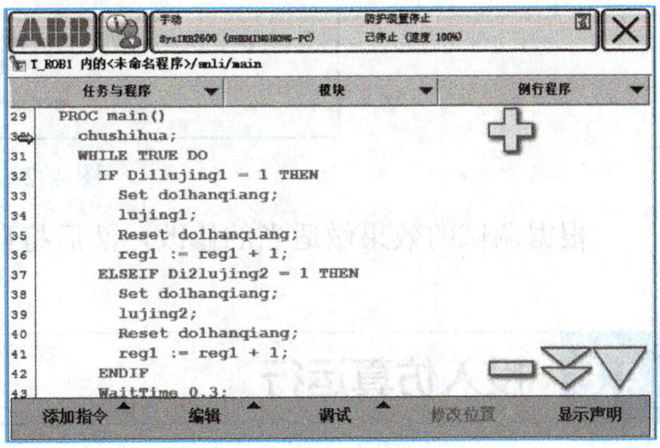

图 4-27　编写主程序

注意，主程序中可以使用 WHILE 循环将初始化程序隔离开，这样可以只在运行前初始化 1 次，但是 WHILE 循环中最后一定要添加一句 WaitTime 0.3 指令，目的是为了防止 CPU 过负荷。

4.7 调试程序

在进行程序调试时，利用“PP 移至 Main”和“PP 移至例行程序”功能，分别对每个程序进行调试，如图 4-28 所示。

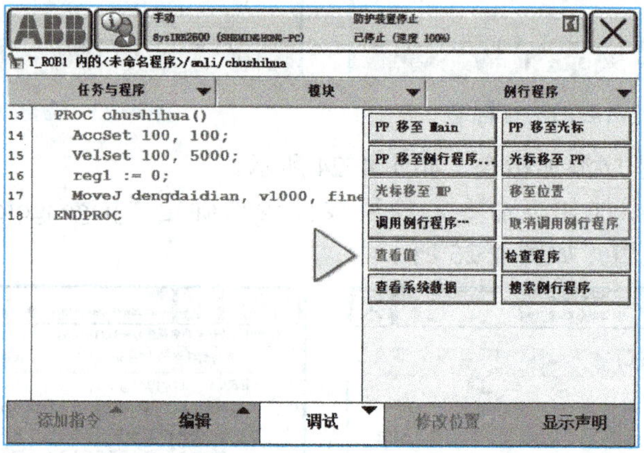

图 4-28 调试程序

如果检查程序没有语法错误，便会提示如下信息，如图 4-29 所示。

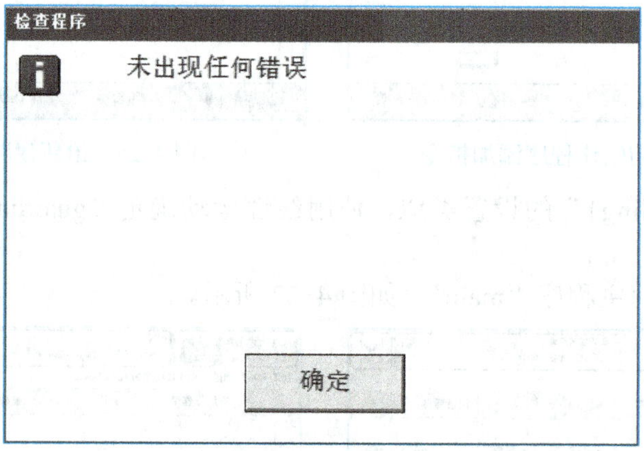

图 4-29 检查程序

根据调试的效果做适当的修改，然后将自动创建的多余的程序数据删除掉。

4.8 投入仿真运行

在程序调试完成后便可以投入仿真运行了。运行时，需要在自动模式下，按下上电按钮可以使机器人上电，相当于在手动模式下按下“enable”键。自动模式下，在示教器上可单击“PP 移至 Main”，执行主程序。通过右下角缩略图控制机器人运动的快慢，通过对 I/O 信号的设定进行仿真运行。仿真运行通过后便可以投入实际运行过程中。

知识、技能归纳

掌握 ABB 工业机器人的基本应用，学会完整的工作站建立、I/O 配置、系统数据创建、工作点创建、程序设计与调试等编程应用步骤，引入数组等优化设计方法，也为后续项目工业机器人的综合应用做好铺垫。

工程素质培养

① 掌握调试程序的方法。
② 学会快速搭建工作站，并校正六轴原点。
③ 设置重要的程序数据和设置 I/O 板与 I/O 信号。
④ 掌握投入仿真运行的方法。
⑤ 培养遵循工程规律的能力。

第 5 章　机器人写字操作及仿真

5.1 写字案例描述

本章以机器人写字为例，如图 5-1 所示。在工作站中依次完成定位、点位选取等，最终完成整个写字过程。通过本章的学习，学会工业机器人的写字应用，学会工业机器人写字程序的编写技巧。

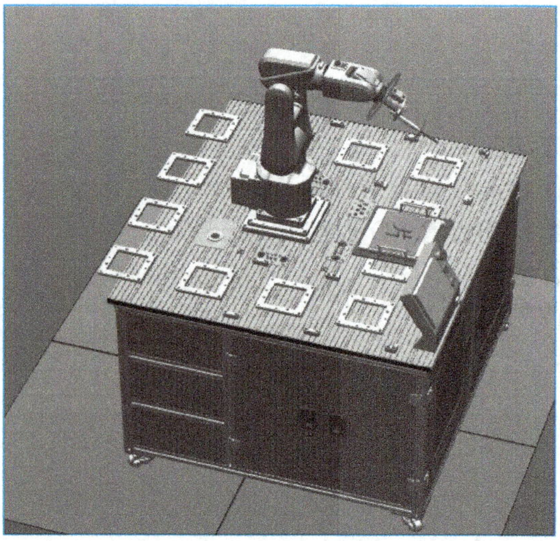

图 5-1　写字实例

5.2 知识准备

5.2.1 对准功能

ABB 工业机器人系统的对准功能用于将已定义的工具对准已定义的坐标系。如目标坐标系为工件坐标系，则应设定需对准的工件坐标系。单击“坐标”下拉列表可选择要对准的坐标系类型。坐标系类型有三种：大地坐标系、基坐标系和工件坐标系。其中大地坐标系与基坐标系通常是重合的，对准效果一致。如果选择工件坐标系，则对准“手动操纵”界面下设定的工件坐标系。如图 5-2 所示。

坐标系选择完成后，按住工业机器人使能按钮，按住“开始对准”键，直到当前工具坐标系 Z 轴垂直于目标坐标系的 XY 平面。

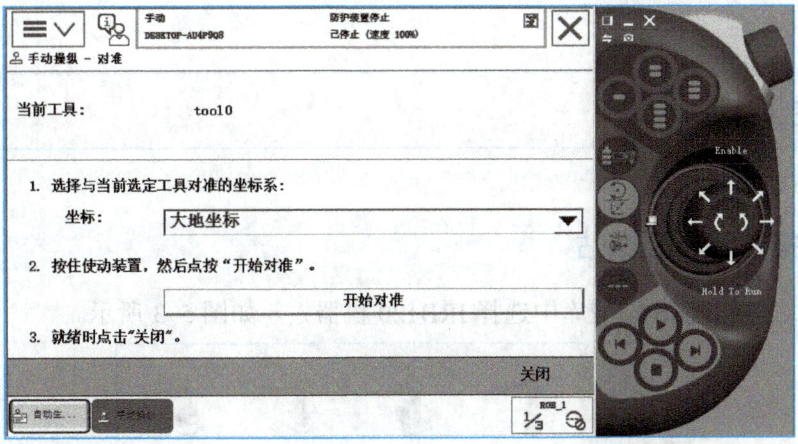

图 5-2　对准功能

5.2.2　工件数据

工件数据（Wobjdata）是描述用户框架、工件框架在各自参考坐标系中位置与姿态的数据，工件坐标系的标定也是定义工件数据的过程。

Wobjdata 包含多个参数（组），其数据结构如下。

1. robhold

数据类型为 bool，规定实际程序任务中的工业机器人是否正夹持着工件，“TRUE”表示工业机器人夹持着工件，即使用一个固定工具；“FALSE”表示工业机器人未夹持着工件。

2. ufprog

user frame programmed，数据类型为 bool，规定是否使用固定的用户坐标系，“TRUE”表示使用固定的用户坐标系；“FALSE”表示使用可移动的用户坐标系，即使用协调外轴，同时以半协调或同步协调模式用于 MultiMove 系统。

3. ufmec

user frame mechanical unit，数据类型为 string，用于协调工业机器人移动的机械单元。仅在可移动的用户坐标系中进行规定（ufprog 为 FALSE）。

4. uframe

user frame，数据类型为 pose，表示用户坐标系，即当前工作面或固定装置的位置。坐标系原点的位置（x、y 和 z），单位为 mm。坐标系的旋转表示为一个四元数（$q1$、$q2$、$q3$ 和 $q4$）。

5. oframe

object frame，数据类型为 pose，表示目标坐标系，即当前工件的位置。坐标系原点的位置（x、y 和 z），单位为 mm。坐标系的旋转表示为一个四元数（$q1$、$q2$、$q3$ 和 $q4$）。

5.3 任务实施

5.3.1 搭建基本工作站

新建工作站并从ABB模型库中选择IRB120机器人，如图5-3所示。

图5-3 加入IRB120机器人

加入机器人后导入提供的机器人绘图工作台和写字模块几何体，如图5-4所示。

图5-4 导入所需几何体

在左侧列表中右击 IRB120，选择“位置”中的“设定位置”，对 IRB120 进行位置设置。如图 5-5 所示。

将机器人的 Z 值设置为 950，同样，将写字模块的位置 X 值和 Z 值分别设置为 450 和 910。观察其位置，可见机器人已经离开初始位置，位于机器人工作台上方，而写字模块位于机器人前部。

处理完机器人与写字模块后，单击“导入模块库”，选择提供的实例中的 PenTool 进行导入，如图 5-6 所示。

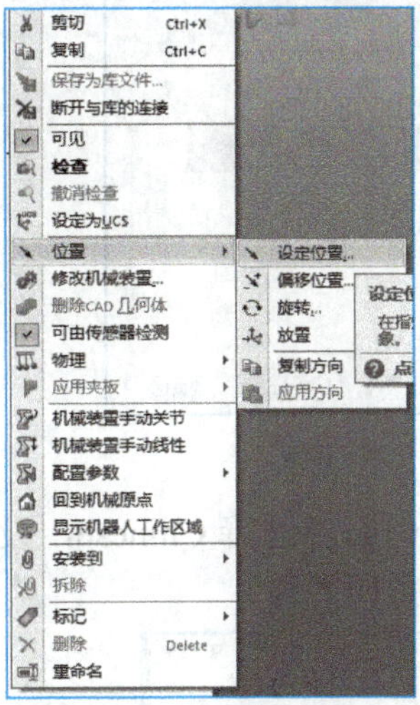

图 5-5　设置位置

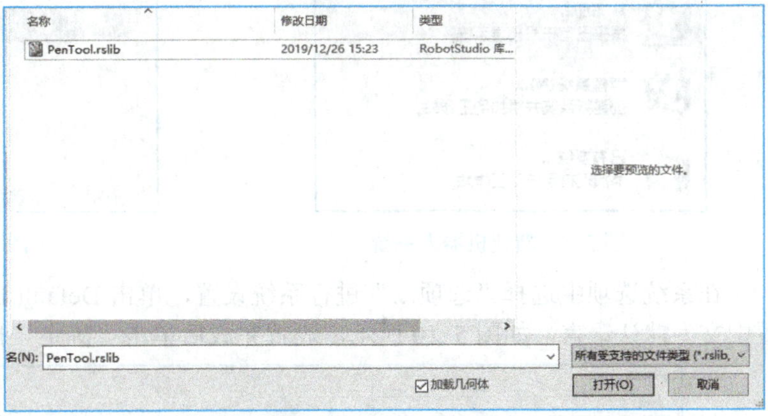

图 5-6　导入 PenTool 模型

导入完成后，在工作站左侧列表中选中 PenTool 并拖入 IRB120 中，则 PenTool 组件成功安装至 IRB120 上，至此，基本工作站搭建完成，如图 5-7 所示。

图 5-7　写字基本工作站

5.3.2　新建机器人系统

单击“机器人系统”菜单，选择“从布局”创建机器人系统，如图 5-8 所示。

修改名称与位置，并选择相应版本的 RobotWare，再单击“下一步”按钮，如图 5-9 所示。

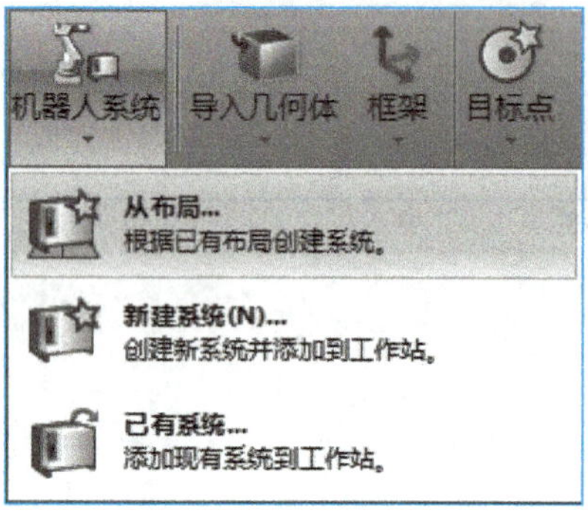

图 5-8　新建机器人系统

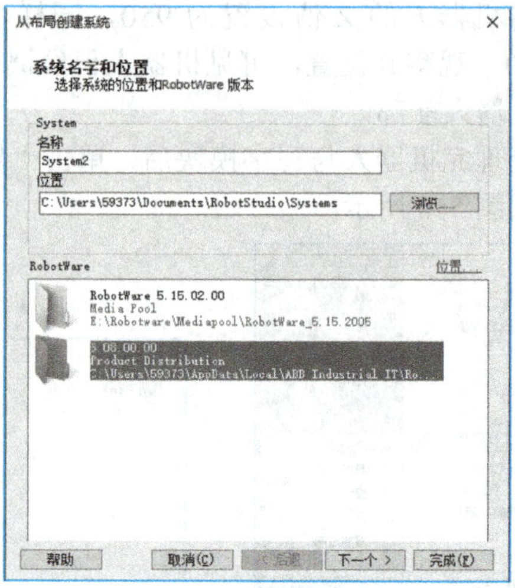

图 5-9　进行设置

在系统选项中选择“选项...”进行系统设置，单击 Default Language 并选择 Chinese，设置中文为默认语言，如图 5-10 所示，设置完成后单击“确定”按钮关闭界面。

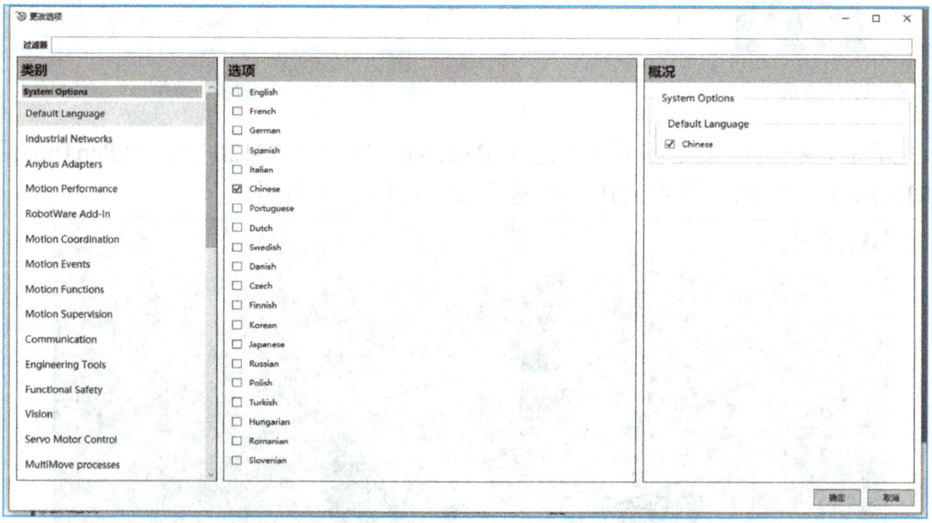

图 5-10　设置默认语言

5.3.3　设置工件坐标

首先创建工件坐标，选择上方菜单“基本”中的“其他”，再选择“创建工件坐标”，如图 5-11 所示。

从左侧“创建工件坐标”的菜单中选择“工件坐标框架”下的“取点创建框架”，在弹出的新窗口中选择“三点”，同时在上方菜单“设置”中的“工具”下拉列表中选择 PenTool，并在视图中选择“捕捉末端”，如图 5-12 所示。

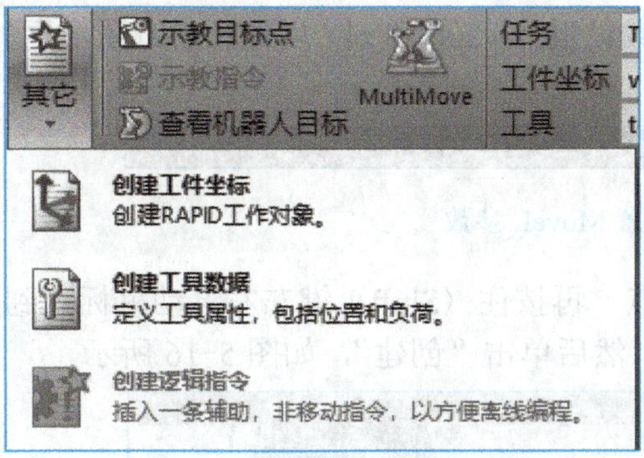

图 5-11　创建工件坐标

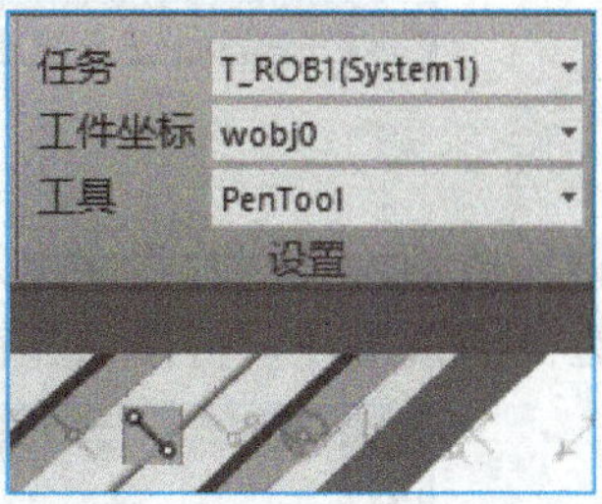

图 5-12　设置工具与捕捉选项

单击 X 轴上的第一个点，选择其中一个点为起始点进行设置，并以此类推设置其余的两个点，完成后选择“Accept”，再单击“创建”，完成工件坐标的创建。如图 5-13 所示。

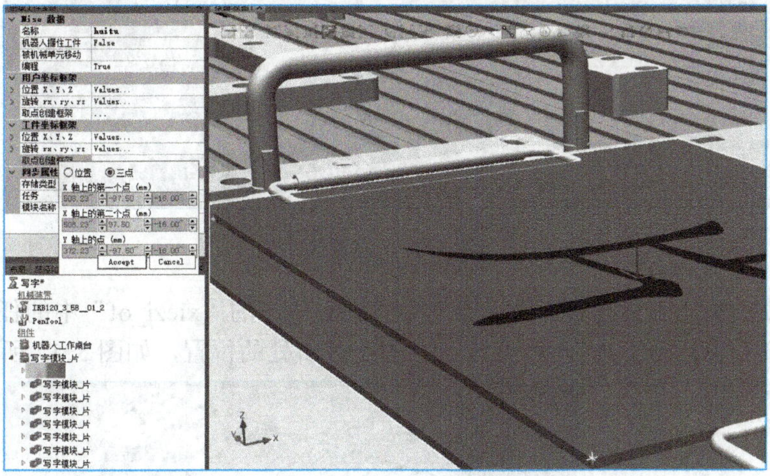

图 5-13　设置基准点

5.3.4　设置写字程序

在左侧列表选择“路径与目标点”方便之后操作，再选择上方菜单“路径”中的“自动路径”进行设置，如图 5-14 所示。

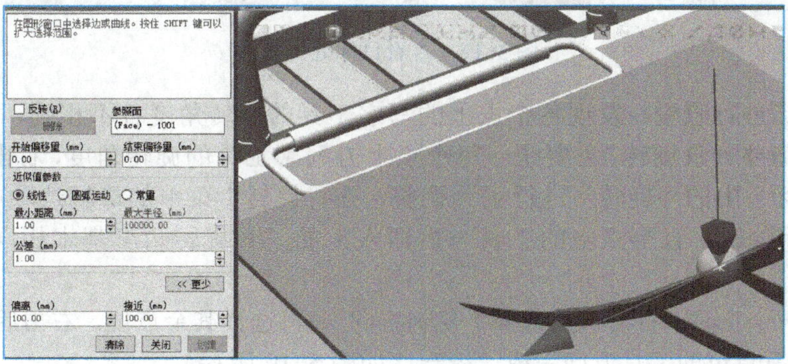

图 5-14　自动路径基本设置

在整个工作站右下角“MoveL”处，将参数设置为 v200 和 z1，以便写字时图形更加圆润，如图 5-15 所示。

图 5-15　设置 MoveL 参数

设置完成后，在“片”字上选择一个起点，再按住〈Shift〉键左右移动鼠标直到“片”字所有边框被覆盖住，再按住左键选择重点，然后单击“创建”，如图 5-16 所示。

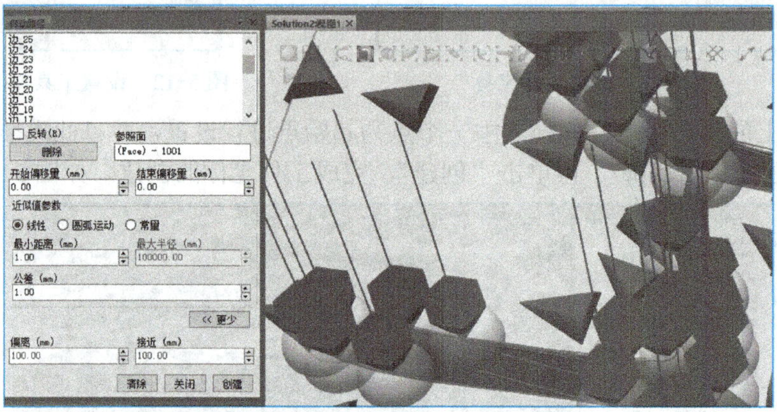

图 5-16　设置边

在左侧列表选择“工件坐标&目标点”中“xiezi”下的“xiezi_of”中的任意一点，右击该点并选择“查看目标处工具”，可见该点上的工具所处的位置，如图 5-17 所示。

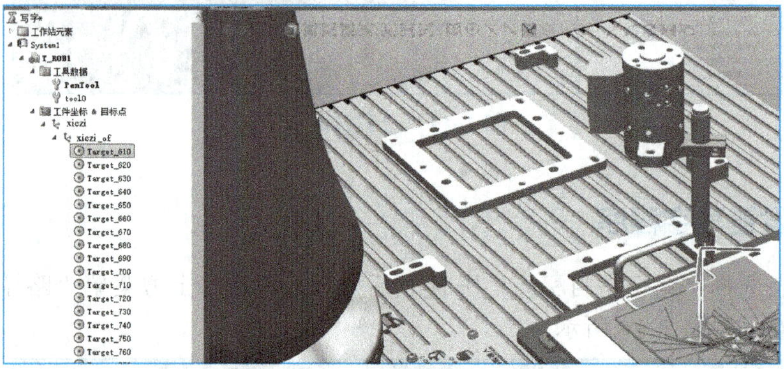

图 5-17　查看目标处工具

单击多个点进行查看，发现各个点上的写字工具的旋转角度各不相同，为了使写字工具在写字时不需要一直旋转，需要统一每个点上方写字工具的旋转角度，右击其中一个点，选择“修改目标”中的“旋转”进行工具调整，在“旋转”菜单的旋转选项中填入 10，并选择 *Z* 轴进行微调，直至点上的工具与机器人上的工具旋转角度基本相同，如图 5-18 所示。

调整其中一个点后，右击该点选择“复制方向”，再选择其余点位，右击后再选择“应用方向”，这样所有点位的工具方向完成了统一，如图 5-19 所示。

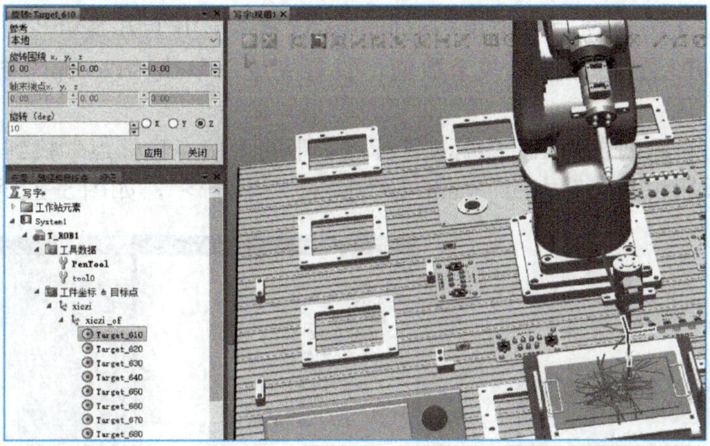

图 5-18　调整目标处工具

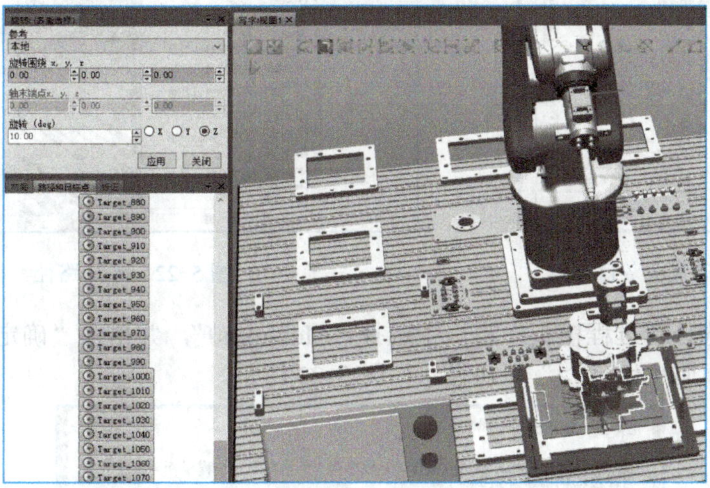

图 5-19　统一工具方向

调整点位之后，在左侧列表“路径与步骤”中右击“Path_10”，选择“沿路径运动”，可对写字路径进行测试，如图 5-20 所示。

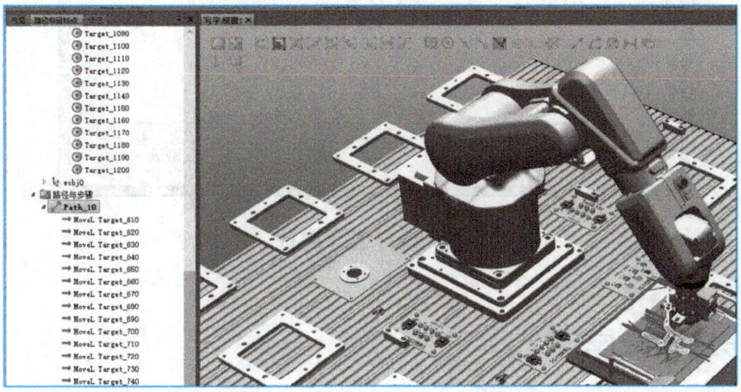

图 5-20　测试路径

为了使机器人在开始写字和结束绘图的动作更加圆滑，可以设置机器人在开始写字前先移动至写字模块上方并在写字结束后返回初始位置，单击上方菜单“目标点”，选择“创建 JointTarget”，并设置机器人轴关节数值，设置完成后单击“Accept”按钮，如图 5-21 所示。

创建完成后在左侧列表“工件坐标&目标点”中的“接点目标点”找到“JointTarget_1”并右击，选择“添加到路径”中的“Path_10”中的“<第一>”，如图 5-22 所示。

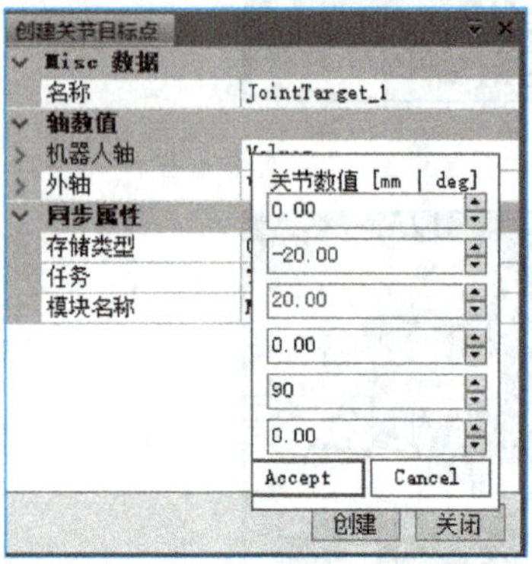

图 5-21 设置关节目标点

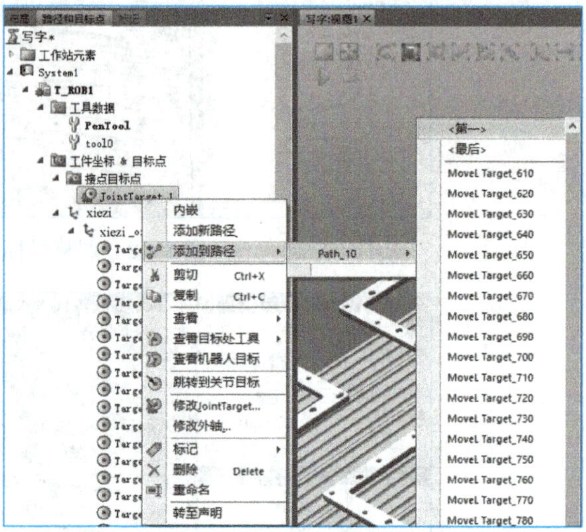

图 5-22 添加路径

在弹出的“选择新过程模板”窗口中选择“MoveAbsJ”，并单击“确定”按钮，完成后通过同样的方式添加“<最后>”新路径，如图 5-23 所示。

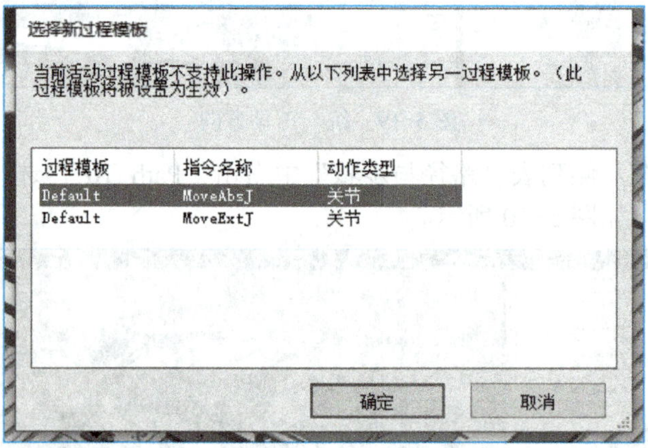

图 5-23 选择模板

5.3.5 同步写字程序

在仿真程序无误后，左侧列表“路径与步骤”中右击“Path_10”，选择“同步至 RAPID 中”，在弹出的窗口中进行设置，如图 5-24 所示。

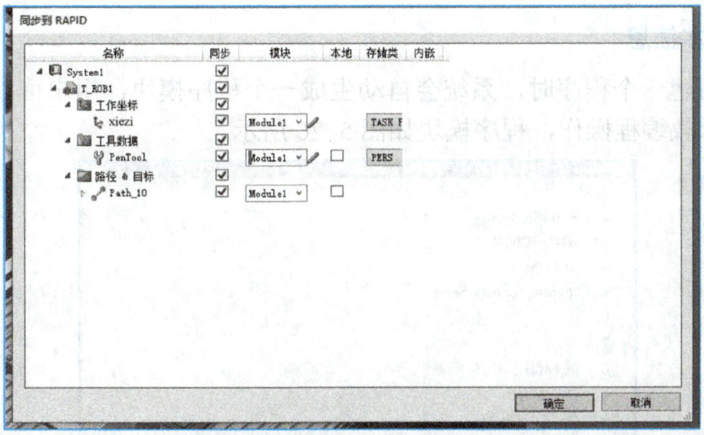

图 5-24　设置同步至 RAPID

打开虚拟示教器，选择“程序编辑器”，可以发现程序“Path_10”已经导入到虚拟示教器中，如图 5-25 所示。

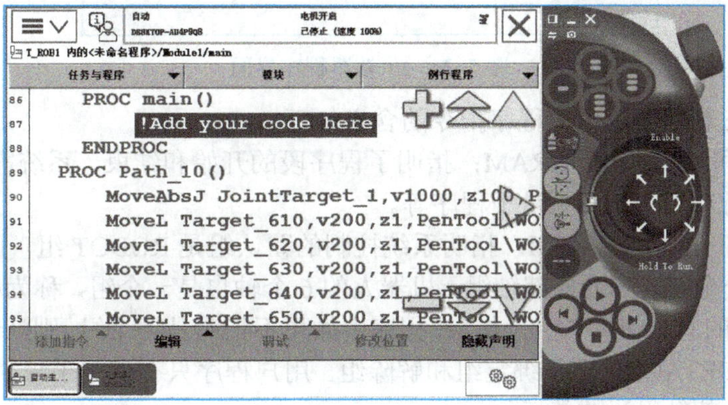

图 5-25　虚拟示教器中的程序

5.4　华数机器人写字操作

本任务通过对 HSR-6 工业机器人写字操作与编程的学习，使学生能对相关编程指令、示教器的相关操作、机器人基坐标系设定进行系统认识，基本具备对机器人写字作业操作与编程的能力。

5-4-1
写字

5.4.1　程序的新建、加载和编辑操作

程序是为了让机器人完成某种任务而设置的动作顺序描述。示教编程通过示教操作和机器人编程指令产生的示教数据都将保存在程序中，当机器人自动运行时，程序按保存的数据和指令执行所要求的运动轨迹。

在对机器人进行写字程序示教编程之前，需要先熟悉机器人程序的相关操作。本任务通过对机器人写字程序的新建、编辑和加载操作的学习，使学生掌握机器人程序的基本操作。

1. 程序的基本信息

在示教器上新建一个程序时，系统会自动生成一个程序模块，用户可以在原模板的基础上进行机器人的示教编程操作，程序模块如图 5-26 所示。

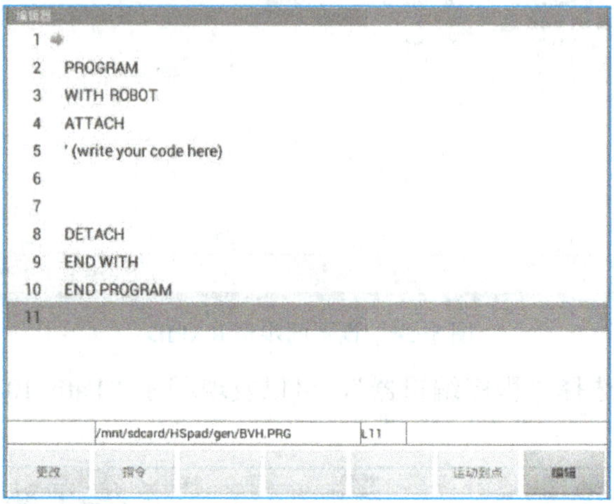

图 5-26 示教器程序界面

程序模块中三对配合使用的程序指令的含义如下。

PROGRAM 和 END PROGRAM：指明了程序段的开始和结束。系统需要依据这对关键词来识别这是个用户程序，而不是子程序等。

WITH ROBOT 和 END WITH：指明系统控制的默认组是 ROBOT 组。因为存在外部轴，而所有外部轴是一个组，称为外部轴组；机器人的 6 个轴也是一个组，称为机器人组。WITH ROBOT 是指默认的对 ROBOT 组操作。在程序中如果不指明是哪个组，则默认是指机器人组。

ATTACH 和 DETACH：用于绑定组和解除组。用户程序只有绑定了一个控制组/轴（单个轴、机器人组或外部轴组）才能运行。

2. 程序编制方法

工业机器人常见的程序编制方法有两种：示教编程方法和离线编程方法。

示教编程方法是指由操作人员引导，控制机器人运动，记录机器人作业的程序点，并插入所需的机器人命令来完成程序的编制；离线编程是指操作者不对实际作业的机器人直接进行示教，而是在运行于外部计算机的离线编程系统中进行编程和仿真，生成机器人程序，然后传送至机器人控制器中运行。

示教编程可以通过示教盒示教实现。由于示教方式实用性强，操作简便，因此大部分机器人都采用这种方式。

本任务将采用示教编程方法完成写字程序。在操作机器人实现写字运动之前新建一个程序；通过示教器控制机器人到达相应的轨迹点，并保存相关的数据和运动指令，通过示教器完成轨迹再现。

3. 新建程序

新建程序的操作步骤如下。

1）单击图 5-27 所示示教器软件操作界面中的“新建”按钮，弹出图 5-28 所示的对话框。

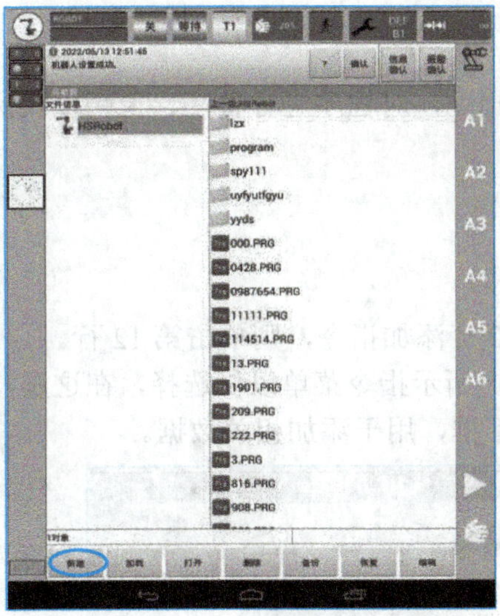

图 5-27　新建程序

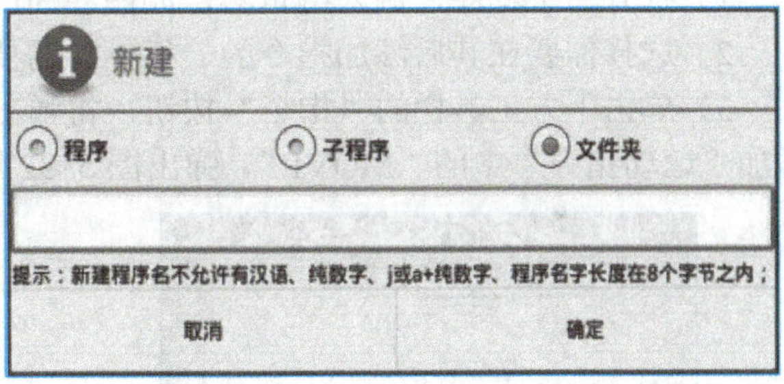

图 5-28　选择新建类型

2）默认选择新建类型为“程序”，输入程序名，单击“确定”按钮即可。

注意：程序名须为字母、数字、下画线的形式，不能包含中文。

子程序通常在同一个程序下即可以编写保存，在子程序较多，且需要跨文件共享的时候，可以新建“子程序”，这样将生成 LIB 库文件，其属性为全局属性，可以被任意一个主程序调用。

子程序命名也只能采用字母、数字、下画线的形式，且子程序名中不能含有字母 J（有的系统版本存在含有字母 J 的子程序加载不了的问题）。

4. 打开程序

打开程序可查看文件导航器中所选中的程序内容。打开程序的操作步骤如下。

1）在图 5-27 所示导航器中选定程序，并且单击界面中“打开”按钮。

2）如果选定了一个 PRG 程序，单击“确认”按钮后可打开程序，编辑器中将显示该程序，如图 5-29 所示。

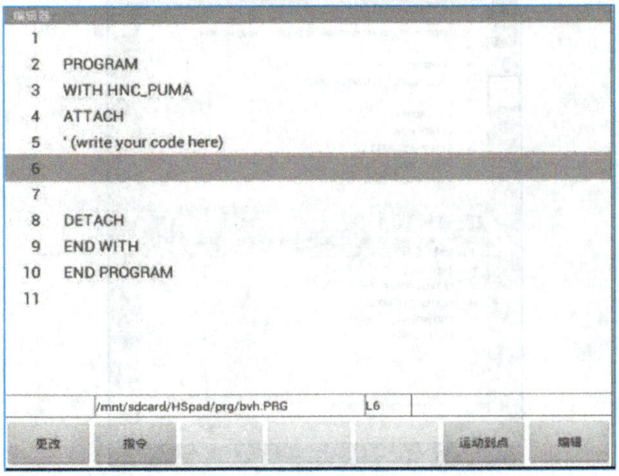

图 5-29　手动编程界面

3）此时 PRG 程序处于可编辑状态，可对该程序进行更改、插入指令、备注、说明等。

5. 编辑程序

编辑程序是指可以对程序的指定行进行更改、插入指令，对程序进行备注、说明以及保存、复制、粘贴等。

（1）插入指令

插入指令的步骤如下。

1）打开一个程序，调入编辑器，如图 5-30 所示。

2）选择需要在其后添加指令的一行，如需要在第 12 行添加指令，则单击第 12 行。

3）单击下方工具栏的“指令”按钮，将弹出图 5-31 所示指令菜单以供选择，在这里，添加“运动指令”中的“MOVE”。弹出图 5-32 所示对话框，用于添加相关数据。

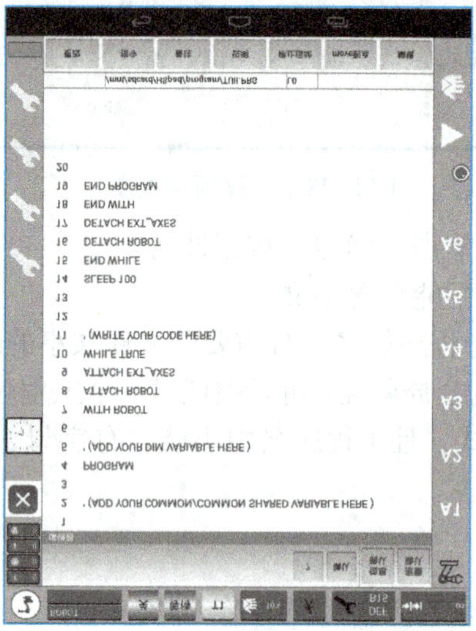

图 5-30 调入程序编辑器

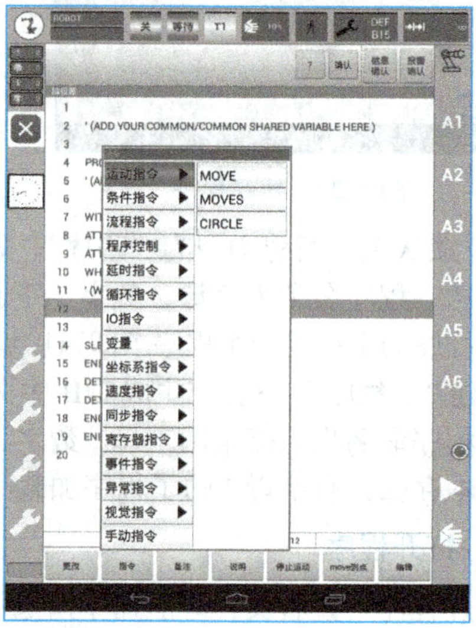

图 5-31 添加指令

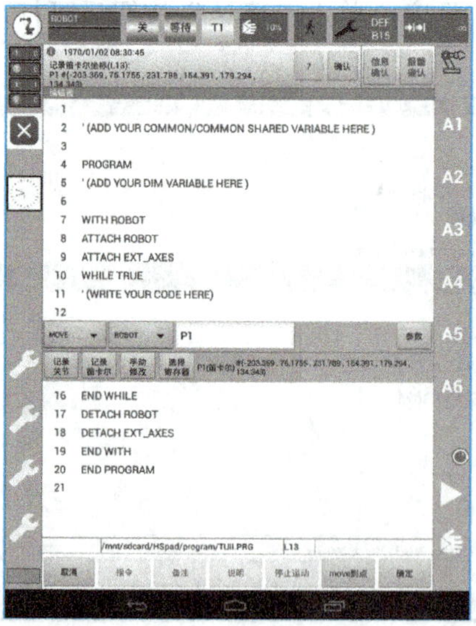

图 5-32 添加相关数据

4）指令添加完成后单击右下角“确定”按钮，即可完成指令的添加。单击左下角的“取消”按钮，则会放弃指令添加操作。

（2）更改指令

更改指令的步骤如下。

1）在图 5-30 所示编辑器中，选择需要对其更改的一行指令，如第 10 行的 WHILE TRUE。

2）单击下方工具栏的“更改”按钮，即可开始对该行指令进行修改，如图 5-33 所示。

3）可以手动输入指令进行修改，也可以单击“选项”按钮，弹出图 5-34 所示界面。

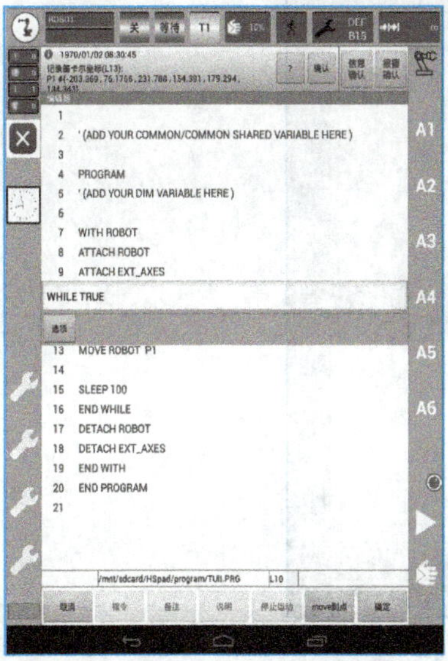

图 5-33　更改条件

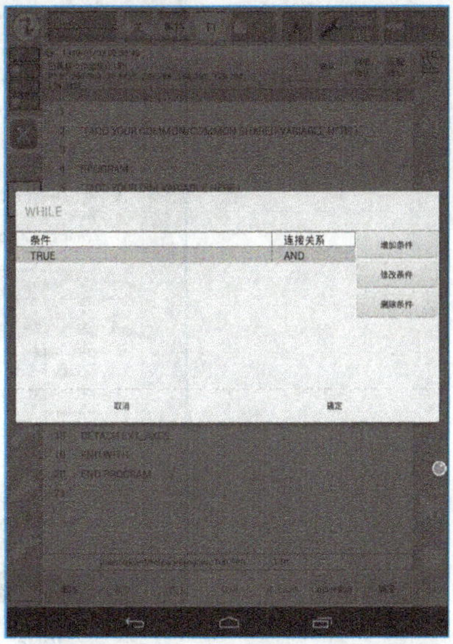

图 5-34　添加条件

4）如果希望条件由 TRUE 变为 IR[1]=1，选中 TRUE 一栏，单击“修改条件”按钮，弹出图 5-35 所示界面，按需要进行操作。

5）最终效果如图 5-36 所示。

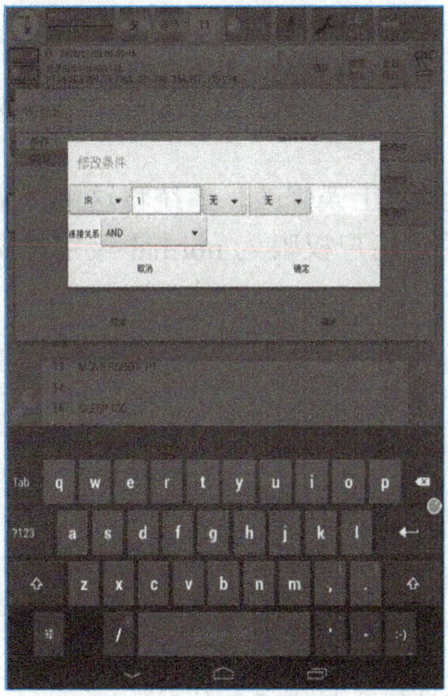

图 5-35　输入修改条件

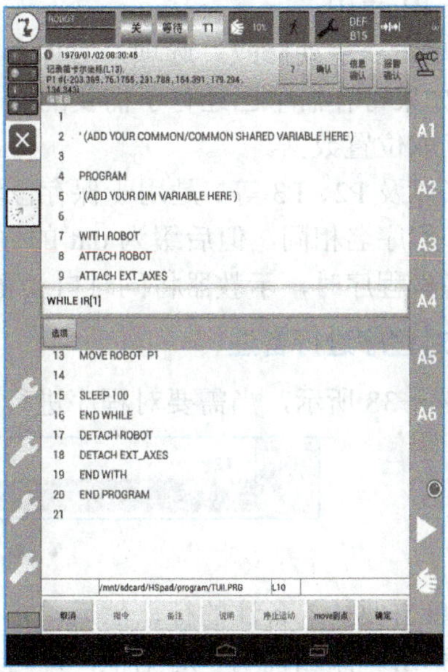

图 5-36　完成修改

（3）保存当前位置到运动指令

以图 5-31 所示 MOVE 指令为例，操作过程如下。

1）选中 MOVE 指令行，单击“更改”按钮，弹出的界面与添加 MOVE 指令时基本一致，如图 5-37 所示。

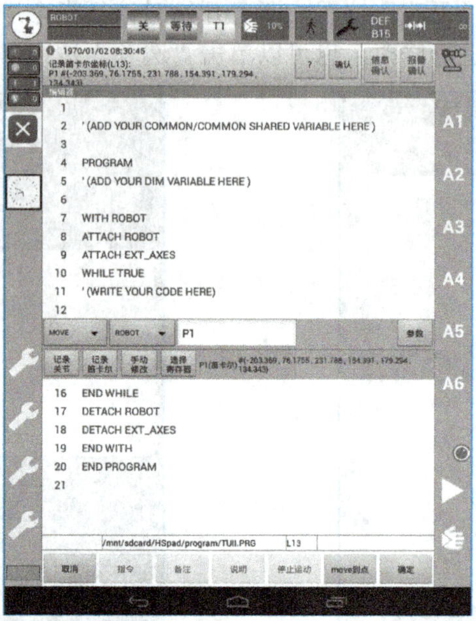

图 5-37 获取关节坐标

2）单击“记录关节”选项，记录机器人当前点的各个关节的坐标值（数据将在右侧显示），并保存在 P1 点中。

3）单击“记录笛卡尔”选项，记录机器人当前 TCP 在当前笛卡儿坐标系下的坐标值，并保存在 P1 点中。

4）单击“手动修改”选项，对保存的数据进行修改。

5）如果寄存器中已经有了需要的点位信息，则可以单击“选择寄存器”选项，从指定寄存器中读取位置数据。

P1（以及 P2、P3 等）是用于保存位置的变量名。为防止误修改，系统将这些变量存放在文件名和程序名相同，但后缀为 dat 的文件中。在示教器用户权限为 normal 级别时文件不可见。在备份程序时，示教器将同时自动备份 dat 文件。

6. 对程序进行备注

如图 5-38 所示，当需要对程序进行备注说明时，操作步骤如下。

图 5-38 添加备注

1）单击要插入备注的行，然后单击操作菜单下方的“备注”按钮。

2）弹出“添加说明”对话框，即可对该行进行注释，如图 5-39 所示。

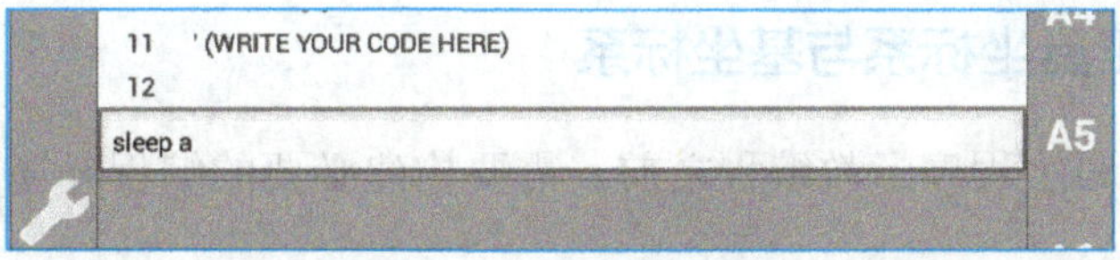

图 5-39　输入备注内容

7. 对程序进行说明

1）选中需要说明的行，单击操作菜单中的“说明”按钮。

2）弹出“说明编辑”对话框，编辑完毕后单击“确定”按钮，完成说明添加。

8. 其他编辑操作

（1）删除程序行的操作，如图 5-40 所示，具体步骤如下。

1）选中需要删除的行（该程序行为蓝色背景即表示选中）。

2）选择操作菜单中的“编辑”→“删除”，即可删除选中的行。

（2）复制粘贴功能，操作步骤如下。

1）选中需要复制的行。

2）选择操作菜单中的“编辑”→“复制”，即复制该选中行。

3）选中需要粘贴的行。

4）选择操作菜单中的“编辑”→“粘贴”，即可将该行粘贴到选中行的下一行（可跨文件复制粘贴）。

（3）撤销功能。

选择操作菜单中的“编辑”→“撤销”，即可撤销上一次操作。

（4）多选功能，操作步骤如下。

1）选择操作菜单中的“编辑”→“多选”，显示多选框。

2）在多选框里勾选需要选中的行。

3）可对多选行进行删除、复制、粘贴操作。

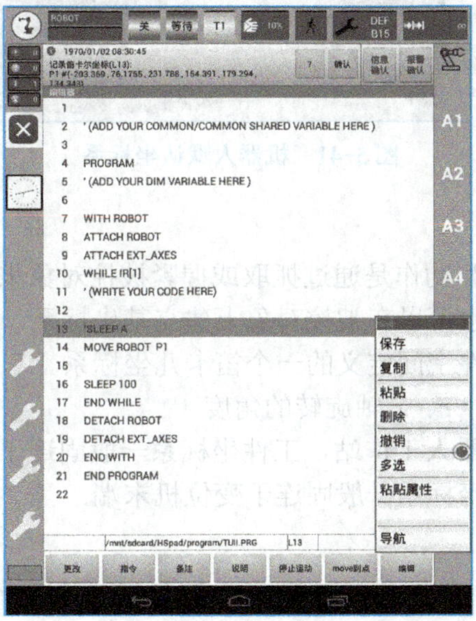

图 5-40　程序文件操作

5.4.2　标定工具坐标系与基坐标系

在对机器人进行写字程序示教编程之前，需要构建必要的编程环境，标定工具坐标系和基坐标系。

本任务通过工具坐标系和基坐标系的标定操作，使学生理解工具坐标系和基坐标系含义，掌握简单的工具坐标系和基坐标系标定方法。

1. 工具坐标系的含义

工业机器人一般是通过安装在机器人末端的工具（也称末端执行器，具有模仿人手指部分动作的功能），来抓取或握紧被控对象进行操作的。

一般不同的机器人会配置不同的工具，如弧焊的机器人使用弧焊枪作为工具，而用于写字的机器人就会使用签字笔或激光笔作为工具。

工具坐标系就是用于描述安装在机器人末端的工具的位姿等参数数据，它固连于机器人末端连杆坐标系，以工具中心点（TCP）作为坐标原点。

HSR-6 机器人默认工具 0 的 TCP 位于第 4、5、6 三个关节轴的交点，即位于机器人手腕中心点，如图 5-41 所示。

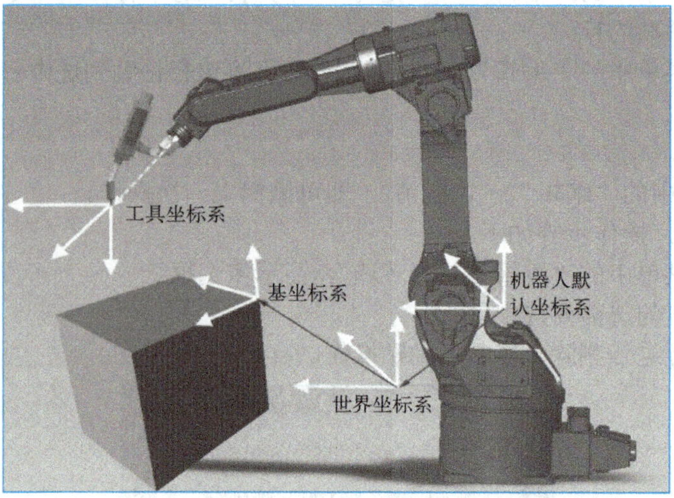

图 5-41　机器人默认坐标系

2. 基坐标系的含义

工业机器人最终的运动和动作是通过抓取或握紧被控对象来实现的，就像数控机床的工件坐标系一样，工业机器人也可以在被控对象上建立基坐标系。

基坐标系是由用户在工件空间定义的一个笛卡儿坐标系。X、Y、Z 表示距基坐标系原点的距离；A、B、C 表示绕 X、Y、Z 轴旋转的角度。

对于不包含变位机的机器人工作站，工件坐标系一般固连于机器人基坐标系。对于包含变位机的机器人工作站，基坐标系一般固连于变位机末端。

3. 工具坐标系的标定

HSR-6 机器人控制器支持 16 个工具坐标系，从工具 1 到工具 16。工具坐标系在使用前，一般需要进行标定，标定方法有工具坐标 4 点法和工具坐标 6 点法两种。

（1）工具坐标 4 点法标定

如图 5-42 所示，将待测量工具的 TCP 从 4 个不同方向移向一个参照点，参照点可以任意选择，机器人控制系统从不同的法兰位置值中计算出 TCP。运动到参照点所用的 4 个法兰位置必须分散开足够的距离。

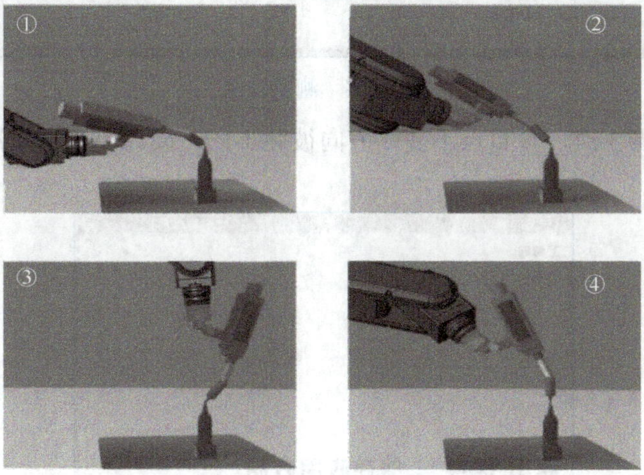

图 5-42　工具坐标 4 点法标定

标定前要注意：要测量的工具已安装在机器人末端；切换到 T1 模式。

4 点法标定的具体步骤如下。

1）在图 5-43 所示的“主菜单”界面，单击“投入运行”→“测量”→“工具”→“4 点法”，弹出图 5-44 所示的对话框。

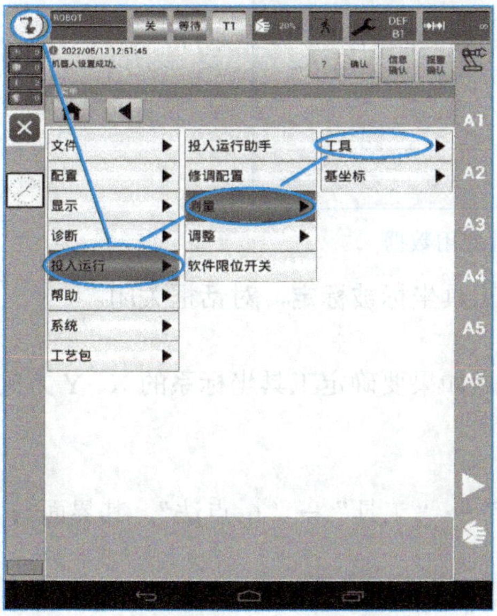

图 5-43　工具标定界面

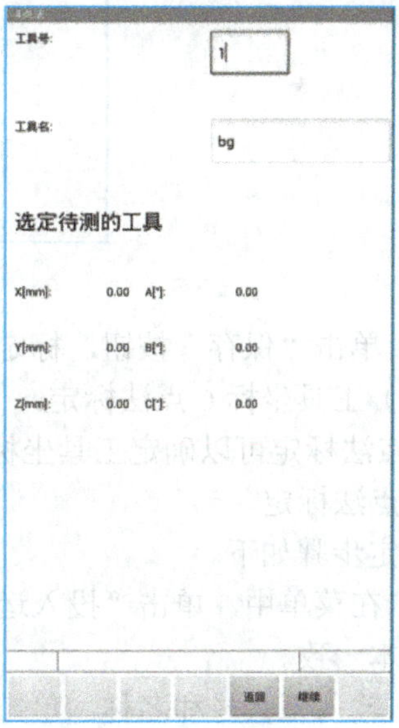

图 5-44　4 点法标定界面

2）在图 5-44 中，为待测量的工具输入工具号和名称，单击“继续”按钮。

3）将 TCP 移至任意一个参照点，单击“记录”按钮，在弹出的对话框中单击“确定”按钮，如图 5-45 所示。

图 5-45 测量确定

4）重复上述步骤 3 次，参照点不变，方向彼此不同，最后单击“取消”按钮弹出图 5-46 所示的对话框。

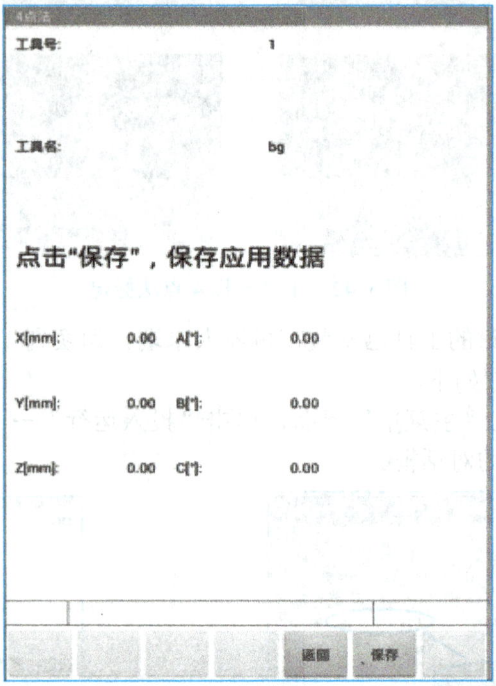

图 5-46 保存应用数据

5）单击“保存”按钮，标定数据被保存，工具坐标被标定，对话框关闭。

（2）工具坐标 6 点法标定

4 点法标定可以确定工具坐标系的原点，但是如果要确定工具坐标系的 X、Y 方向，则须采用 6 点法标定。

标定步骤如下。

1）在菜单中，单击“投入运行”→“测量”→“工具”→“6 点法”，其界面与 4 点法标定基本一致。

2）输入工具号和名称，单击“继续”按钮。

3）将 TCP 移至任意一个参照点，单击“记录”按钮。在弹出的对话框中单击“确定”按钮。

4）将上述步骤重复 3 次，参照点不变，方向彼此不同。

5）移动到标定工具坐标系的 Y 方向的某点，记录坐标。

6）移动到标定工具坐标系的 X 方向的某点，记录坐标。

7）单击“标定”按钮，程序计算出标定坐标值，工具坐标被标定。

8）单击“保存”按钮，标定数据被保存，对话框关闭。

4．基坐标系的标定

HSR-6 机器人控制器支持 16 个基坐标系，从工件 1 到工件 16。

在基坐标系标定时，需选择默认基坐标系作为标定使用的参考坐标系，如图 5-47 所示。

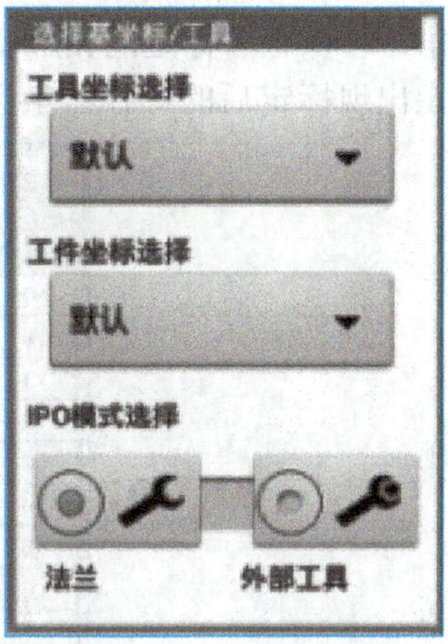

图 5-47　基坐标标定

基坐标系标定方法为 3 点法标定，通过记录原点、X 方向、Y 方向的 3 点，重新设定新的基坐标系。

基坐标系 3 点法标定步骤如下。

1）在如图 5-48 所示的“主菜单”界面，单击“投入运行”→“测量”→“基坐标”→“3 点法”，弹出如图 5-48 所示基坐标系标定界面。

2）在图 5-49 中，选择待标定的基坐标号，可选设置备注名称。

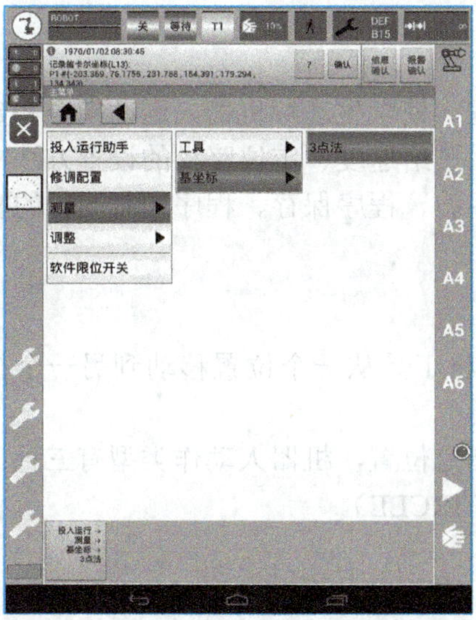

图 5-48　选择 3 点法

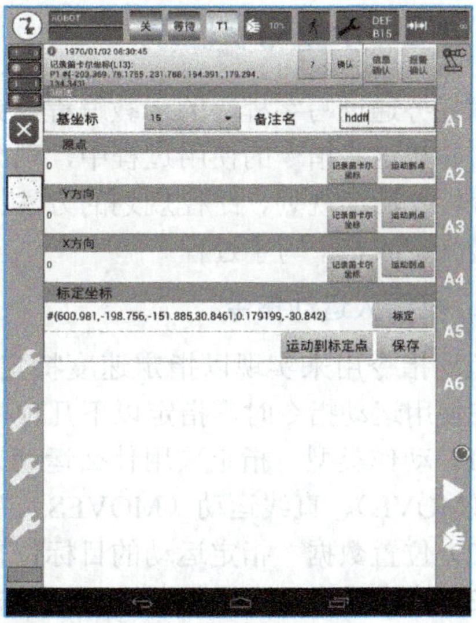

图 5-49　读取坐标

3）手动移动机器人到需要标定的基坐标原点，单击“记录笛卡儿坐标”按钮，记录原点坐标。

4）手动移动到标定基坐标的 Y 方向的某点，单击“记录笛卡儿坐标”按钮，记录工件 Y 轴正方向。

5）手动移动到标定基坐标的 X 方向的某点，单击“记录笛卡儿坐标”按钮，记录工件 X 轴正方向。

6）单击“标定”按钮，程序计算出标定坐标。

7）单击“保存”按钮，存储基坐标的标定值。

8）标定完成后，单击“运动到标定点”按钮，可移动到标定坐标点。

在主菜单中选择“显示”→“变量列表”，选中 BASE 寄存器界面，单击右侧“刷新”按钮，可以查看标定的相应基坐标值是否显示和准确，如图 5-50 所示，单击“保存”按钮，防止出现标定后的寄存器坐标丢失的情况。

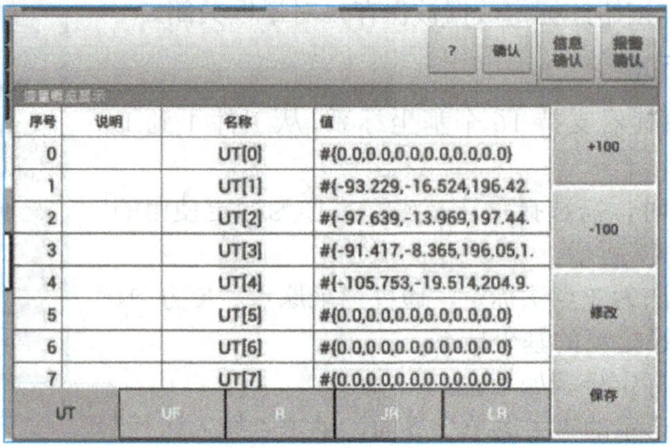

图 5-50　变量列表

5.4.3　示教写字程序

本任务通过写字程序的示教编程，完成写字过程，使学生理解机器人运动指令和延时指令等，并在这些指令的使用过程中，熟悉位置数据、进给速度、定位路径的设置方法；学会任务分析、活动规划、路径规划的方法；掌握程序示教、程序保存、程序加载运行的操作过程，最终完成整个写字过程。

1. 机器人运动指令

运动指令用来实现以指定速度特定路线模式等将工具从一个位置移动到另一个指定位置。在使用运动指令时需指定以下几项内容。

（1）动作类型　指定采用什么运动方式来到达指定位置，机器人动作类型有三种：快速运动（MOVE）、直线运动（MOVES）、圆弧运动（CIRCLE）。

（2）位置数据　指定运动的目标位置。

（3）进给速度　指定机器人运动的进给速度。

运动指令编辑框如图 5-51 所示，图中各标签的含义见表 5-1。

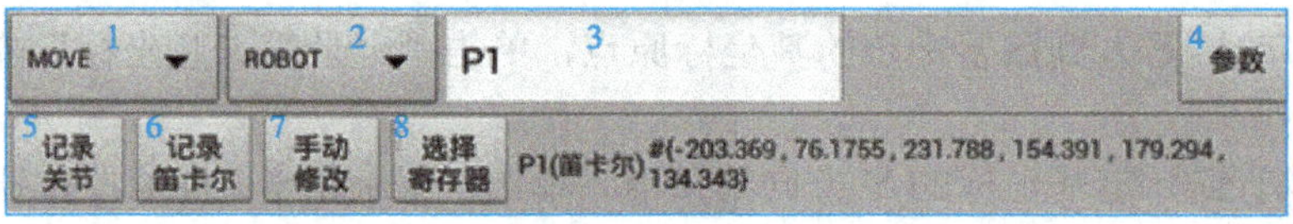

图 5-51　运动指令编辑框

表 5-1　运动指令编辑框说明

按键序号	说明
1	选择指令，可选 MOVE、MOVES、CIRCLE 三种指令。当选择 CIRCLE 指令时，对话框会弹出两个点用于记录位置
2	选择组，可选择机器人组或者附加轴组

（续）

按键序号	说明
3	新记录的点的名称，光标位于此处时可单击记录关节或记录笛卡儿赋值
4	单击后可打开一个修改各个轴点位值的对话框，可进行单个轴的坐标值修改
5	将该新记录的点赋值为关节坐标值
6	将该新记录的点赋值为笛卡儿坐标
7	单击后可打开一个修改各个轴点位值的对话框，可进行单个轴的坐标值修改
8	可通过新建一个 JR 寄存器或 LR 寄存器保存该新增加点的值，可在变量列表中查找到相关值，便于以后通过寄存器使用该点的值

在程序示教过程中，使用菜单树中的“运动指令”即可添加标准的运动指令。

（1）快速定位指令（MOVE）

快速定位是移动机器人各关节指定位置的基本动作方式。在快速定位方式下，控制系统独立控制各个关节同时运动到目标位置，即机器人以指定进给速度，沿着（或围绕）所属轴的方向，同时加速、减速或停止，如图 5-52 所示。工具的运动路径通常是非线性的，在两个指定的点之间任意运动。以最大进给速度的百分数作为关节定位的进给速度，其最大速度由参数设定，程序指令中只给出实际运动的倍率。关节定位过程中没有控制被驱动的工具的姿态。

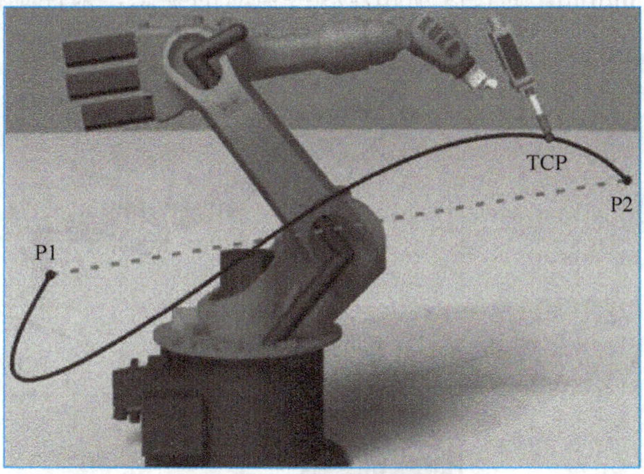

图 5-52　运动轨迹

指令语法：

```
Move <axis> 1 <group> <target positI/On> {optI/Onal Properties}
```

指令参数（可选）：

MOVE 指令包含一系列的可选属性，如 Absolute、VelocityCruise、AcceleratI/On、DeceleratI/On、Jerk 等。属性设置后，仅针对当前运动有效，该运动指令行结束后，恢复到默认值。如果不设置参数，则使用各参数的默认值运动。

指令示例如下。

```
Move ROBOT #{600,100, 0,0, 180,0} Absolute=1 VelocityCruise=100
Move A1-10 Absolute=0 VelocityCruise=120
```

上述示例中，第 1 行 MOVE 指令使用绝对值编程方式（Absolute=1），控制对象为 ROBOT 组，并且设定了 ROBOT 的运行速度为 100°/s，其目标位置为笛卡儿坐标下的#{600,100,

0,180,0}。

第 2 行 MOVE 指令使用相对值的方式编程（Absolute=0），单独控制 A1 轴进行运动，目标位置基于当前位置向负方向偏移了 10°。

MOVE 指令用于选择一个点位之后，当前点机器人位置与选择点之间的任意运动，运动过程中不进行轨迹控制和姿态控制。

在程序中添加 MOVE 指令的操作步骤如下。

1）标定需要插入行的上一行。

2）选择“指令”→“运动指令”→“MOVE”。

3）选择机器人轴或附加轴。

4）输入点位名称，即新增点的名称。

5）配置指令的参数。

6）手动移动机器人到需要的姿态或位置。

7）选中输入框，单击“记录关节”或“记录笛卡儿坐标”。

8）单击操作栏中的“确定”按钮，添加 MOVE 指令完成。

（2）直线运动指令（MOVES）

直线运动指令控制 TCP 沿直线轨迹运动到目标位置，其速度由程序指令直接指定，单位可为 mm/s、cm/min 或 in/min。通过区别起点和终点时的姿态，来控制被驱动工具的姿态，如图 5-53 所示。

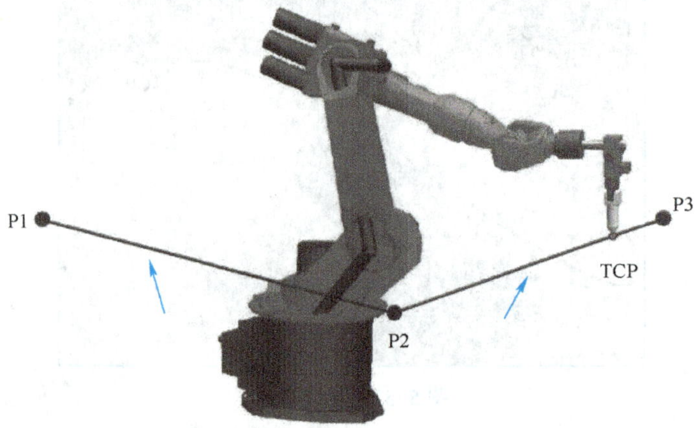

图 5-53 直线运动

指令语法：

```
Move<robet> <target positI/On> {OptI/Onal Propezties}
```

指令参数（可选）：

MOVES 可选属性包含 Vtran、Atran、Dtran、Vrot、Arot、Drot 等。属性设置后，仅针对当前运动有效，该运动指令行结束后，恢复到默认值。如果不设置参数，则使用各参数的默认值运动。

指令示例如下。

```
Moves ROBOT #(425, 70, 55, 90, 280, 90) Absolute= 1 Vtran= 100 Atran= 80
Dtran= 100
Moves ROBOT (- 10, 0,0,0,0,0) Absolute= 0 Vtran= 120 Atran= 80 Dtran= 80
```

上述示例中，第 1 行指令控制机器人 ROBOT 从当前位置开始，以直线的方式运动到笛卡儿坐标位置#(425，70，55，90，180，90)，Absolute=1 表示指令中使用的坐标为绝对值坐标，Vtran 设定了机器人的运行速度为 100mm/s，Atran 和 Dtran 分别设置了机器人的加速度与负加速度的大小。

MOVES 指令用于选择一个点位之后，当前点机器人位置与记录点之间的直线运动。

在程序中添加 MOVES 指令的操作步骤如下。

1）标定需要插入的行的上一行。

2）选择“指令”→“运动指令”→“MOVES”。

3）选择机器人轴或附加轴。

4）输入点位记录，即新增点的名称。

5）配置指令的参数。

6）手动移动机器人到需要的姿态或位置。

7）选中输入框，单击“记录关节”或“记录笛卡儿坐标”。

8）单击操作栏中的“确定”，添加 MOVE 指令完成。

（3）圆弧运动指令（CIRCLE）圆弧运动指令控制 TCP（工具中心点）沿圆弧起始点经过中间点移动到目标位置，中间点和目标点在指令中一并给出，其速度由程序指令直接指定，单位可为 mm/s、cm/min 或 in/min。通过区别起点和终点时的姿态来控制被驱动工具的姿态，如图 5-54 所示。

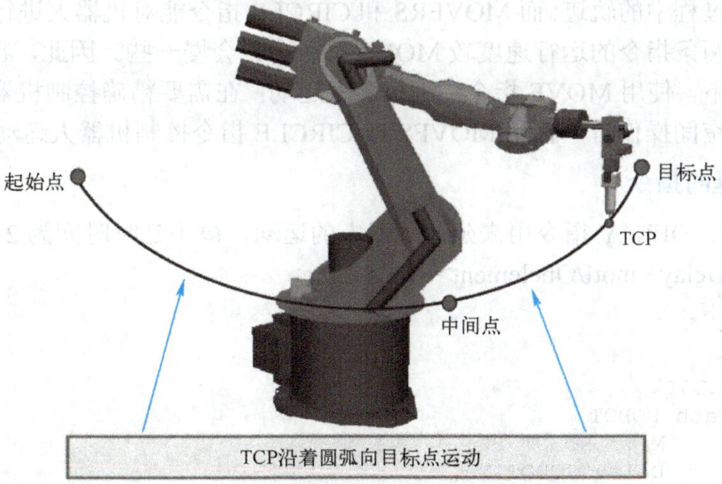

图 5-54　圆弧运动

指令语法：

```
Circle <roup>CirclePoint=<vector> TargetPoint={<vector>}{OptI/Onal Property}
```

指令参数（可选）：

CIRCLE 指令可选属性包含 Vtran、Atran、Dtran、Vrot、Arot、Drot 等。属性设置后，仅针对当前运动有效，该运动指令行结束后，恢复到默认值。如果不设置参数，则使用各参数的默认值。

指令示例如下。

```
Move ROBOT #{400,300,0,0,180,0} Vcruise=100
```

```
    Circle ROBOT CirclePoint= #{500,400,0,0,180,0} TargetPoint=#{600，  300.0，
180.0} Vtran=100
```

上述示例中，第 1 行指令定义编程点位都为绝对位置，第 2 行指令运动机器人到 #{400,300,0,0,180,0}的位置，然后以该位置为起点，在 XY 平面上进行圆弧运动。

（4）运动参数　运动指令的运动参数见表 5-2。

表 5-2　运动参数

名称	说明	备注
Vcruise	速度	用于 MOVE
Acc	加速度	用于 MOVE
Dec	负加速度	用于 MOVE
Vtran	速度	用于 MOVES
Atran	加速度	用于 MOVES
Dtran	负加速度	用于 MOVES
Abs	1-绝对运动；0-相对运动	

MOVE 指令控制机器人进行关节运动，MOVES 和 CIRCLE 指令则控制机器人进行笛卡儿空间的插补运动（直线、圆弧）。MOVE 指令相对于 MOVES 及 CIRCLE 指令，其优点是可以让机器人拥有更快的移动速度，缺点是该指令只能确保机器人到目标点的位置，不能控制机器人在运行过程中的轨迹。而 MOVERS 和 CIRCLE 指令能对机器人进行精确的轨迹及姿态控制，但是这两条指令的运行速度较 MOVE 指令来说会慢一些。因此，在空间比较开阔，障碍物少的情况下，使用 MOVE 指令控制机器人运动；在需要精确控制机器人运动轨迹，例如进入某一狭小空间操作时，使用 MOVES 或 CIRCLE 指令控制机器人运动轨迹会更安全。

2. 机器人延时指令

（1）DELAY　DELAY 指令用来延时机器人的运动，最小延时时间为 2，单位为 ms。

指令语法：Delay <motI/Onelement> <delaytime>

指令示例如下。

```
program
with ROBOT
    Attach ROBOT
            Move ROBOT P2
            Delay ROBOT 2              '延时 2ms
            Print"ROBOT IS STOPPED"
    Detach
    end with
    endprogram
```

（2）SLEEP　SLEEP 指令的作用是延时程序（任务）的执行，最短延时时间为 1，单位为 ms。

指令语法：Sleep <time>

指令示例如下。

```
program
with ROBOT
  Attach ROBOT
```

```
    D_OUT[25]=ON
    Sleep 100                    '延时 100ms
    D_OUT[25]= OFF
  Detach
    end with
    end program
```

（3）DELAY 与 SLEEP 的用法　在 SHR-6 工业机器人的控制系统中，存在运动指令（MOVE、MOVES、CIRCLE）和非运动指令（除运动指令之外的指令）两种类型的指令，这两种指令是并行执行的，并非执行完一条指令后再执行下一条，如下列程序。

```
MOVE ROBOT P1
D_GUT[30]- ON
```

为了解决这个问题，需要系统执行完第 1 条指令后再执行下一条指令，此时就用到 DELAY 指令，即等待运动对象 ROBOT 完成运动后再进行延时动作。所以上述程序应该改为

```
MOV ROBOT P1
DELAY ROBOT 2
D_OUT[30]=ON
```

SLEEP 指令通常有两种应用场合。第一种是在循环中使用，请看如下例子。

```
WHTLE D_IN[30]< >ON
SLEEP 10
END WHILE
```

这个例子是等待 D_IN[30]的信号，若无信号则持续循环，等到信号后结束循环向下执行。由于循环中要一直扫描 D_IN[30]的值，所以循环体中必须加入 SLEEP 指令，否则控制器 CPU 过载，容易出现异常报警。

SLEEP 应用的第二种场合是输出脉冲信号，请看如下例子。

```
D_OUT[30]=0N
SLEEP 100
D_OUT[30]=OFF
```

上述例子中，D_OUT[30]输出 1 个宽度为 100ms 的脉冲信号，其中必须加 SLEEP 指令，否则脉冲宽度太短，导致实际上没有任何脉冲信号输出。

要完成写字程序的示教编程，需经过 4 个主要环节，包括运动规划、示教前的准备、示教编程、程序测试。

运动规划是分层次的，先从高层的任务规划、动作规划再到手部的路径规划。任务规划将任务分解为系列子任务；动作规划将每一个子任务分解为系列动作；路径规划将每一个动作分解为手部的运动轨迹。

示教前需要调试好工具和工件，并设定工具和基坐标系，这些已在 5.4.2 中介绍。示教编程时，需使用示教器控制机器人到达目标点，然后才能示教取点。

3. 操作步骤

程序编好后，必须进行测试，测试完成后，才能将程序用于写字。

（1）运动规划

机器人写字动作可分解成“起笔上方”“下笔”“抬笔”等一系列子任务。子任务可以进一步分解为“移到写字板上方”“移动贴近写字板”“下笔在写字板上”“抬笔到安全位置”等一系列动作。

（2）示教前的准备

示教过程中，需要在一定的坐标模式（轴坐标、世界坐标、基坐标、工具坐标），选择一定的运动方式（T1 和 T2），手动控制机器人到达一定的位置。因此，在示教运动指令前，必须设定好坐标模式和运动模式，如果坐标模式为工具坐标或基坐标模式时，还需选定相应的坐标系（即 5.4.2 中设置或标定的坐标系）。

（3）示教编程

为实现写字功能，在完成任务规划、动作规划、路径规划后，就可确定写字板放置区的位置，开始对机器人写字进行示教编程。

为了使机器人能够进行再现，就必须用机器人的编程命令将机器人的运动轨迹和动作编成程序，即示教编程。利用工业机器人的手动控制功能完成写字动作，并记录机器人的动作。

（4）程序测试

在程序编写完成后。在首次运行程序之前，应该先测试程序，以保证程序的正常运行。程序的编写和运行难免会遇到错误，相关错误信息都将在示教器界面上方的信息栏中显示。根据提示的相关错误信息，可以排查错误。

对于程序中的语法问题，在测试时发现错误后，系统将在信息栏提示错误信息，并在短暂停留后自动退出测试，整个过程中程序无法被启动。更为普遍的错误情况是，程序通过了语法检查，但是在运行过程中出现错误，如位置无法到达、加速度超限等。这通常是因位置信息、运动参数等设置有误造成的。系统在遇到运行错误时，程序将会停止在出现错误的那一行，提示信息也会指出导致运动停止的原因。

同时出现多个错误时，可以单击信息栏，下拉菜单中将显示出现的所有错误信息。

在单击信息栏右方的“报警确认”按钮后，相关错误信息将被清空。为回看错误信息，可以按下“菜单”键，单击“诊断”→“运行日志”→“显示”。在运行日志内，提示、警告、错误信息都会被显示，可以通过添加过滤器来只查看某一类别的信息。

知识、技能归纳

该实例涉及从搭建基本工作站、设置工件数据、设计写字程序、编程、调试到最终运行一个完整的机器人写字程序，读者可以通过该案例的学习和操作，认识到如何让工业机器人完成写字的操作。

工程素质培养

① 了解如何搭建工业机器人写字工作站布局；

② 学会机器人校准功能；

③ 学会调整工件数据；

④ 学会写字程序编程；

⑤ 学会程序调试。

第 6 章 机器人搬运操作及仿真

6.1 搬运案例描述

本章以太阳能薄板搬运工作站为例，如图 6-1 所示，利用 IRB120 机器人在流水线上拾取太阳能薄板工件，将其搬运至暂存盒中，以便周转至下一工位进行处理。本工作站中已经预设搬运动作效果，需要在此工作站中依次完成 I/O 配置、程序数据创建、目标点示教、程序编写及调试，最终完成整个搬运工作站的搬运过程。通过本章的学习，学会工业机器人的搬运应用，以及工业机器人搬运程序的编写技巧。

图 6-1　搬运工作站

ABB 机器人在搬运方面有众多成熟的解决方案，在 3C、食品、医药、化工、金属加工等领域均有广泛的应用，涉及物流输送、周转、仓储等。采用机器人搬运可大幅提高生产效率、节省劳动力成本、提高定位精度并降低搬运过程中的产品损坏率。

ABB 推出的一款迄今为止最小的多用途工业机器人——紧凑、敏捷、轻量的六轴 IRB120，仅重 25kg，荷重 3kg（垂直腕为 4kg），工作范围达 580mm。

6.2 知识准备

6.2.1 RobotStudio 知识准备

1. 工作站共享

在 RobotStudio 中，一个完整的机器人工作站既包含前台所操作的工作站文件，还包含一个后台运行的机器人系统文件。当需要共享 RobotStudio 软件所创建的工作站时，可以利用“文件”菜单中的“共享”功能，使用其中的“打包”功能，将所创建的机器人工作站打包成工作站包（.rspag 格式）；利用“解包”功能，可以将该工作站包在另外的计算机上解包使用。

（1）打包：创建一个包含虚拟控制器、库和附加选项媒体库的工作站包，如图 6-2 所示。

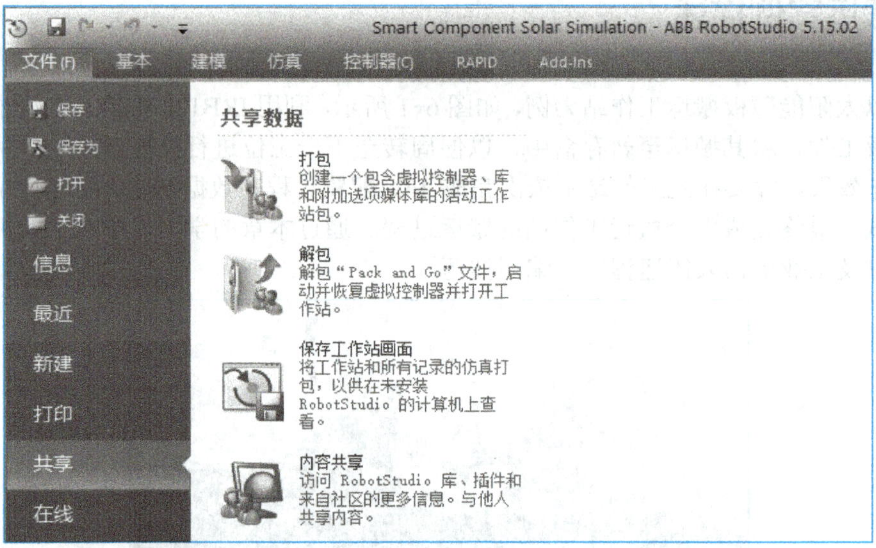

图 6-2 打包工作站

（2）解包：解包所打包的文件，启动并恢复虚拟控制器，打开工作站，如图 6-3 所示。

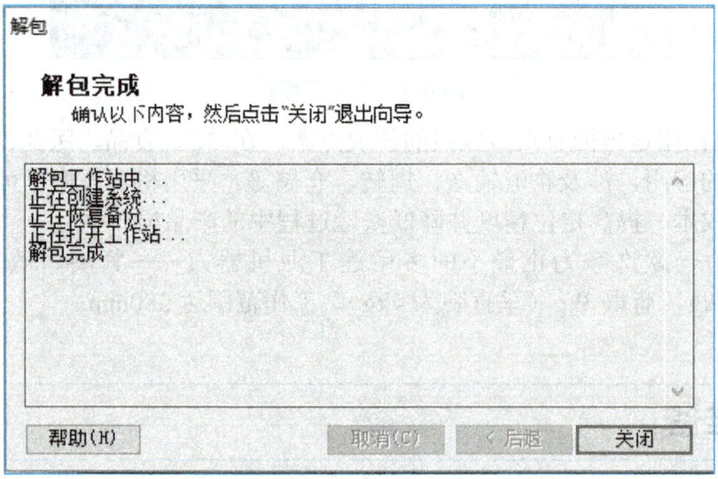

图 6-3 工作站解包向导

2. 加载 RAPID 程序

在机器人应用过程中，如果已有一个程序模板，则可以直接将该模板加载至机器人系统中。例如，已有 1 号机器人程序，2 号机器人的应用与 1 号机器人相同，那么可以将 1 号机器人的程序模块直接导入 2 号机器人中，加载方法有以下两种。

（1）软件加载

在 RobotStudio 中的“RAPID”菜单中可以加载程序模块。在 RobotStudio5.15 之前的版本中，此功能在“离线”菜单中，“在线”菜单中也有该功能，前者针对的是 PC 端仿真的机器人系统，后者针对的是利用网线连接的真实的机器人系统。

1）切换到“RAPID”菜单，展开右侧 RAPID，右击“T_ROB1”，选择“加载模块”，如图 6-4 所示。

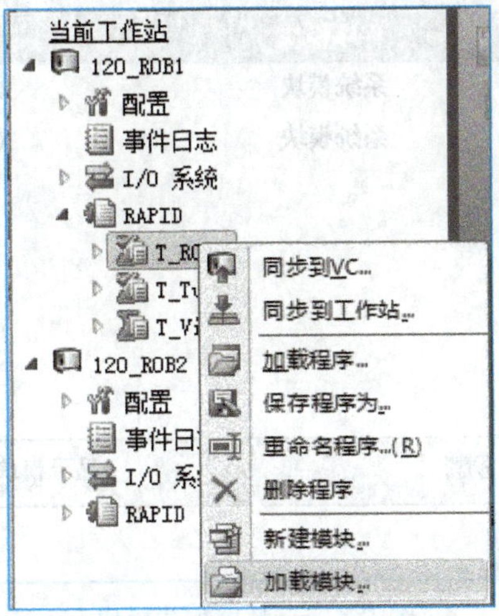

图 6-4 软件加载模块

2）浏览至需要加载的程序模块文件，单击“打开”按钮，如图 6-5 所示。

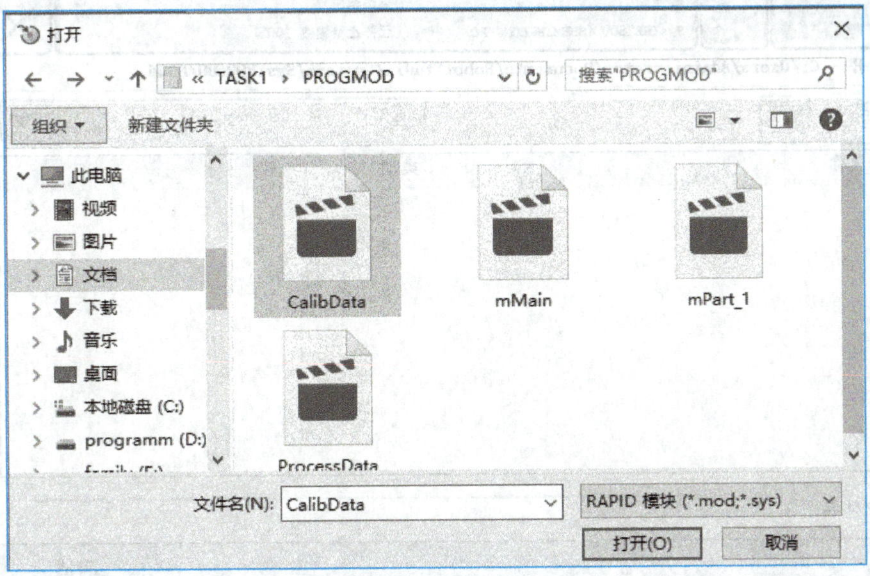

图 6-5 选择要加载的模块

（2）示教器加载

在示教器中依次单击“ABB 菜单”→“程序编辑器”→“模块”→“文件”→“加载模块”，之后浏览至所需加载的模块进行加载。

1）在程序编辑器模块栏中单击“文件”菜单，单击“加载模块”选项，如图 6-6 所示。

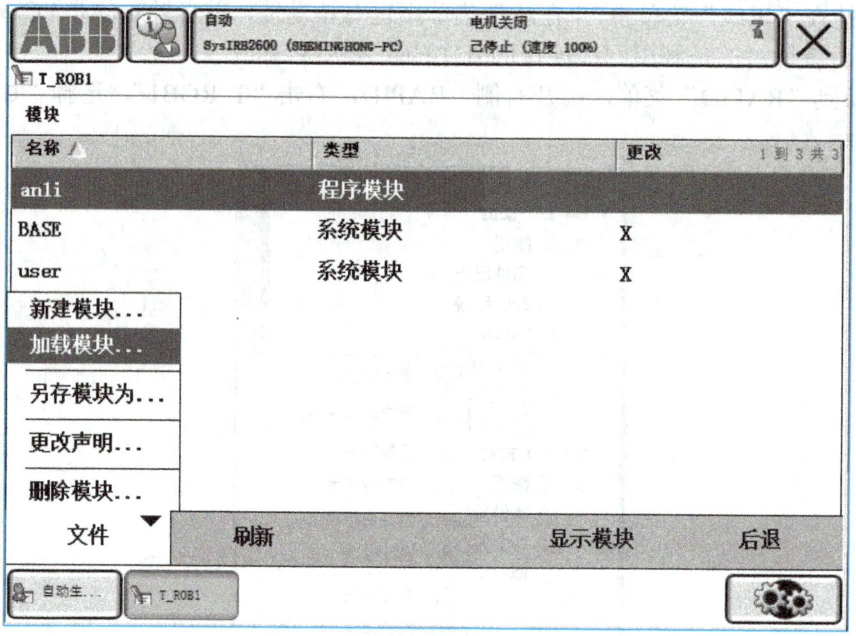

图 6-6　示教器加载模块

2）浏览至所需加载的程序模块文件，选中后单击“确定”按钮，如图 6-7 所示。

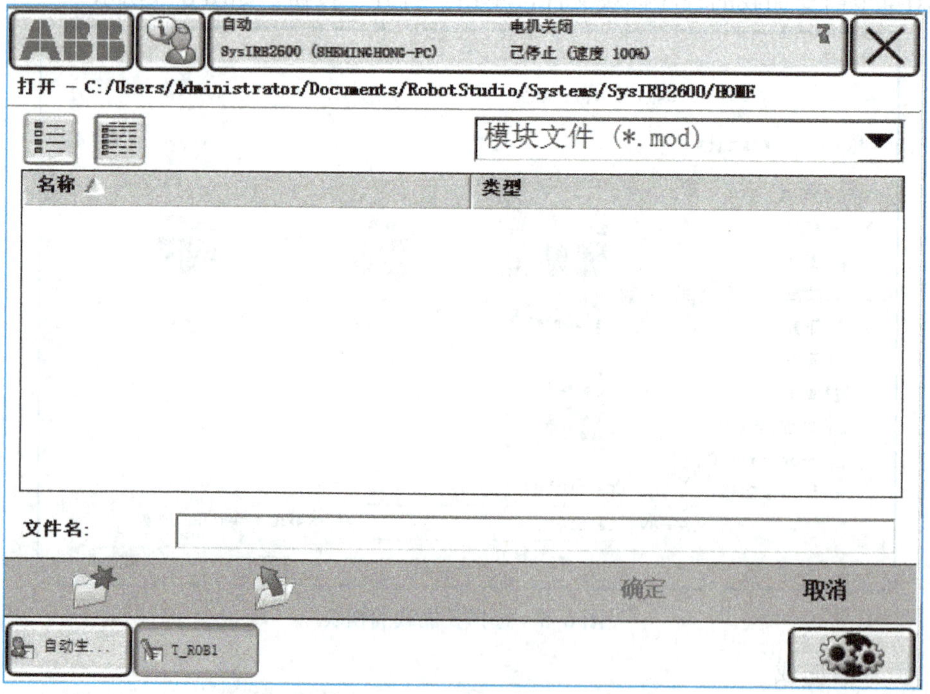

图 6-7　示教器中选择要加载的模块

3．加载系统参数

在机器人应用过程中，如果已有系统参数文件，则可以直接将该参数文件加载至机器人系统中。例如，已有 1 号机器人 I/O 配置文件，2 号机器人的应用与 1 号机器人相同，那么可以将 1 号机器人的 I/O 配置文件直接导入 2 号机器人中。系统参数文件存放在备份文件夹中的 SYSPAR 目录下，其中最常用的是 EIO 文件，即机器人 I/O 系统配置文件。一般，两台硬件配置一致的机器人会共享 I/O 系统配置文件 EIO.cfg。系统参数加载方法有以下两种。

（1）软件加载

在 RobotStudio 中，“控制器”菜单的“加载参数”功能可以用于加载系统参数。

1）在“控制器”菜单中单击“加载参数”，如图 6-8 所示。

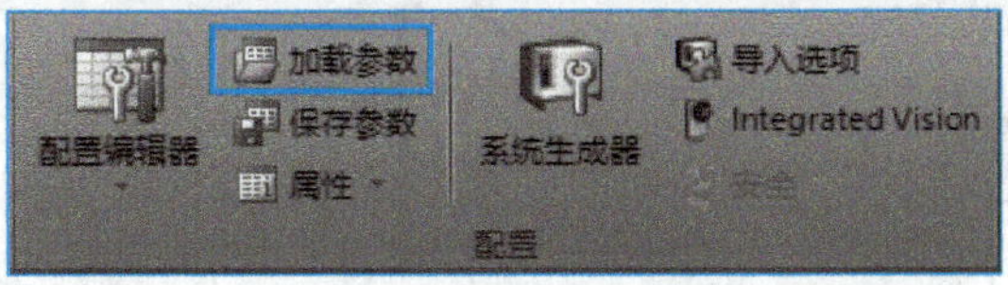

图 6-8　参数加载

2）在弹出的窗口中勾选“载入参数，并替代重复项”单选按钮，选择 EIO.cfg 文件，之后单击“打开”按钮，如图 6-9 所示。

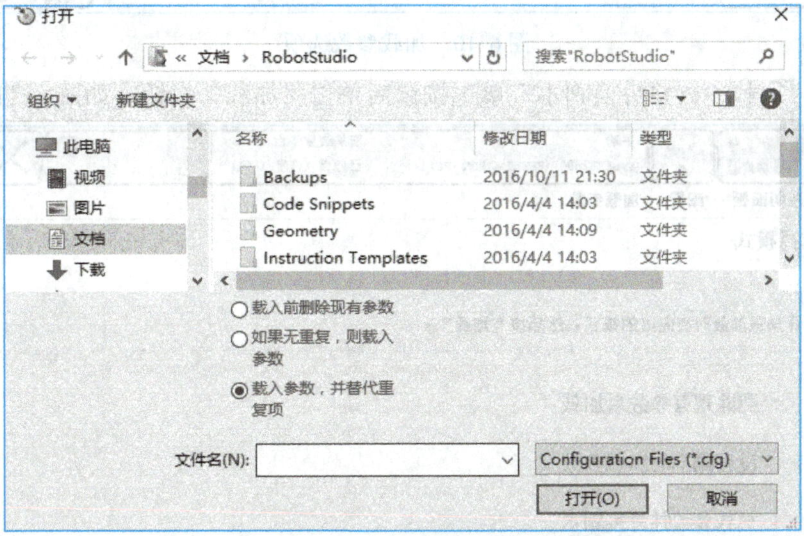

图 6-9　选择参数输入

注：备份文件夹中的系统参数文件保存在“SYSPAR”文件夹下。浏览至“SYSPAR”目录后，若不能显示系统参数文件，则需要在“文件名”中输入“EIO”，自动跳出“EIO.cfg”文件，单击“打开”按钮之后即可打开。

（2）示教器加载

在示教器中依次单击“ABB 菜单”→“控制面板”→“配置”→“文件”→“加载参数”，加载方式一般选取第 3 项，即“加载参数并替换副本”，之后浏览至所需加载的系统参数文件进行加载。

1）打开“文件”菜单，单击“加载参数”选项，如图 6-10 所示。

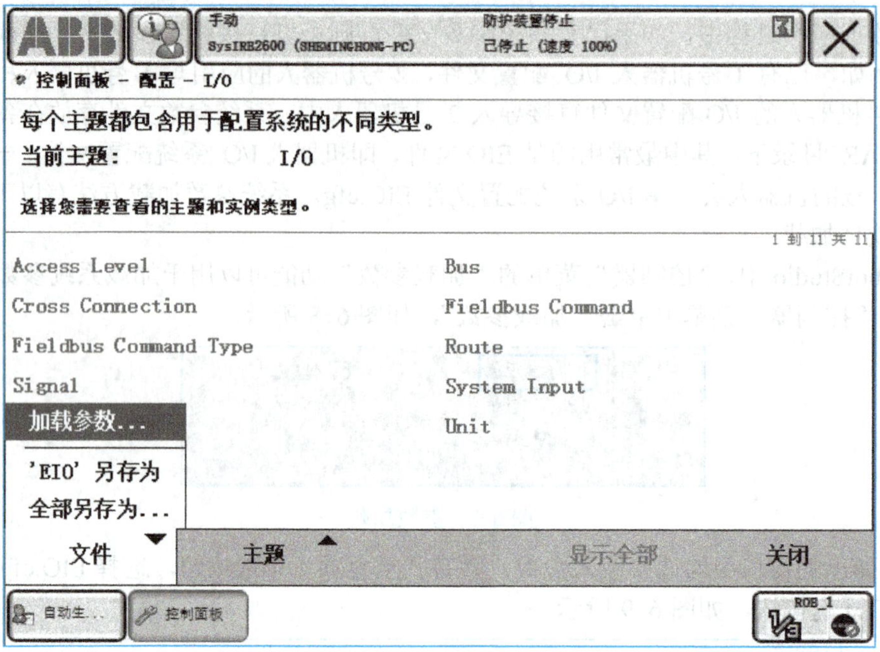

图 6-10　加载参数选项

2）勾选“加载参数并替换副本”单选按钮后单击“加载”按钮，如图 6-11 所示。

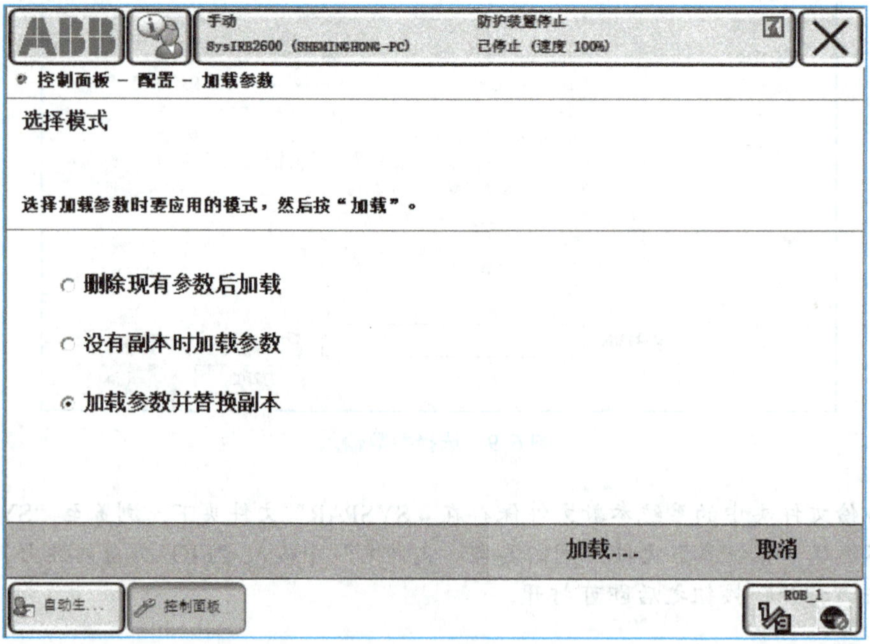

图 6-11　加载参数选择模式

3）浏览至所需加载的系统参数文件，选中“EIO.cfg”，单击“确定”按钮，重新启动即可，如图 6-12 所示。

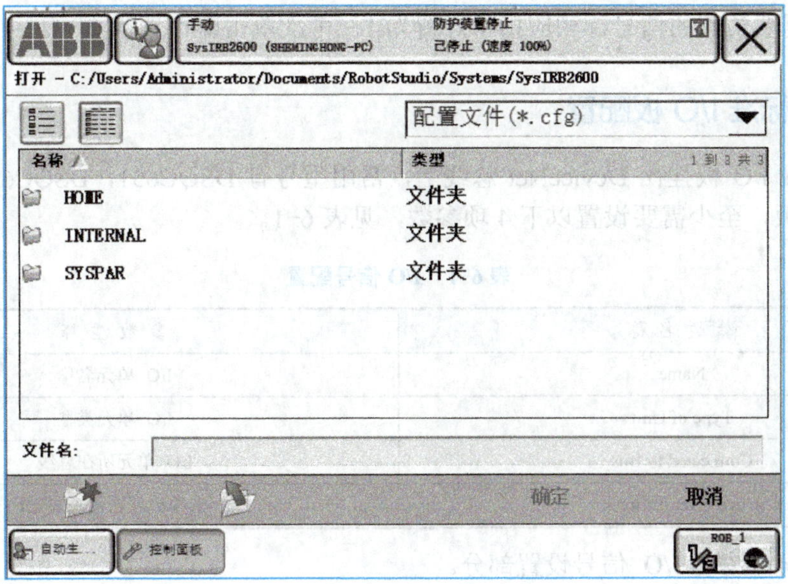

图 6-12　选择系统参数文件

4）仿真 I/O 信号。在仿真过程中，有时需要手动去仿真一些 I/O 信号，以使当前工作站满足机器人运行条件。利用软件的“仿真”菜单中的“I/O 仿真器”可对 I/O 信号进行仿真，具体步骤如下。

① 单击“仿真”菜单中的 I/O“仿真器”，在软件右侧弹出“I/O 仿真器”菜单栏，如图 6-13 所示。

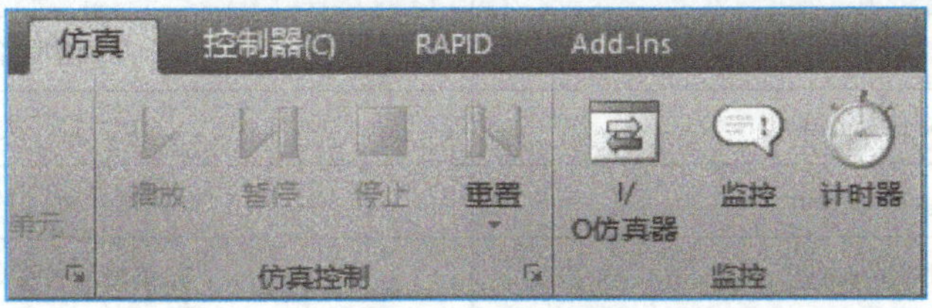

图 6-13　打开仿真器

② 在“选择系统”栏中选择相应系统，包含工作站信号、机器人信号以及智能组件信号等，如图 6-14 所示。

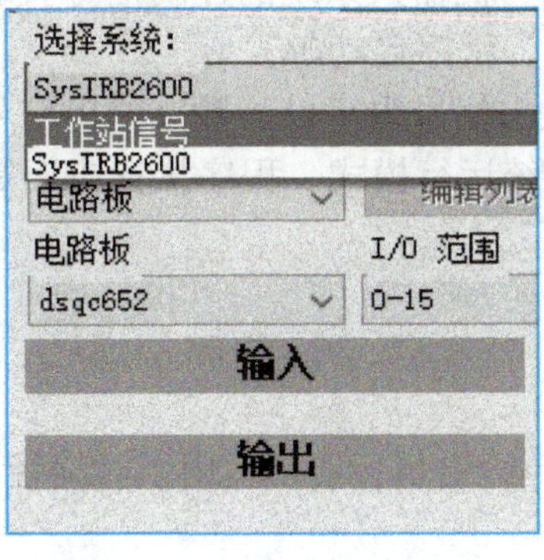

图 6-14　选择机器人系统

③ 单击需要仿真的信号，相应指示灯置为1，再次单击即可置为0。

6.2.2 标准I/O板配置

ABB标准I/O板挂在DeviceNet总线上，常用型号有DSQC651，DSQC652。在系统中配置标准I/O板，至少需要设置以下4项参数，见表6-1。

表6-1 I/O信号配置

参数名称	参数注释
Name	I/O 单元名称
Type of Unit	I/O 单元类型
Connected to Bus	I/O 单元所在总线
DeviceNet Address	I/O 单元所占用总线地址

I/O 配置详细参考I/O 信号设置部分。

6.2.3 数字I/O配置

在I/O单元上创建一个数字I/O信号，至少需要设置以下4项参数，见表6-2。

表6-2 I/O信号配置

参数名称	参数注释
Name	I/O 信号名称
Type of Signal	I/O 信号类型
Assigned to Unit	I/O 信号所在I/O单元
Unit Mapping	I/O 信号所占用单元地址

6.2.4 系统I/O配置

系统输入：将数字输入信号与机器人系统的控制信号关联起来，就可以通过输入信号对系统进行控制（例如电动机上电、程序启动等）。

系统输出：机器人系统的状态信号也可以与数字输出信号关联起来，将系统的状态输出给外围设备作控制之用（例如系统运行模式、程序执行错误等）。

6.2.5 常用运动指令

1）MoveL：线性运动指令。

将机器人TCP沿直线运动至给定目标点，适用于对路径精度要求高的场合，如切割、涂胶等。

实例：

MoveL p20, v1000, z50, tool1\WObj:=wobj1;

机器人 TCP 从当前位置 p10 处运动至 p20 处，运动轨迹为直线，如图 6-15 所示。

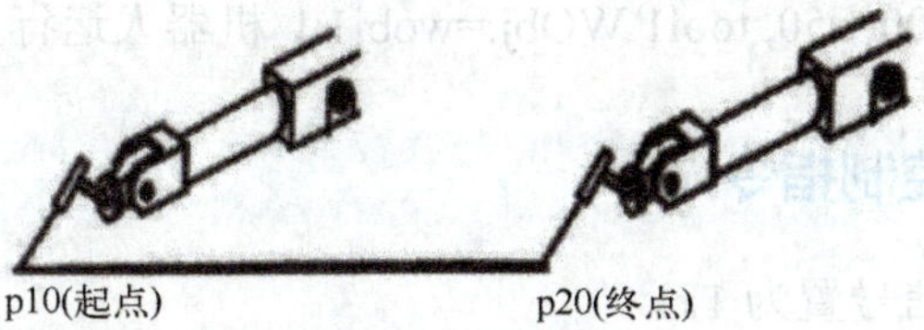

图 6-15　直线运动

2）MoveJ：关节运动指令。

将机器人 TCP 移动至给定目标点，运行轨迹不一定是直线。

举例：

MoveJ p20, v1000, z50, tool1 \WObj:=wobj1;

机器人 TCP 从当前位置 p10 处运动至 p20 处，运动轨迹不一定为直线，如图 6-16 所示。

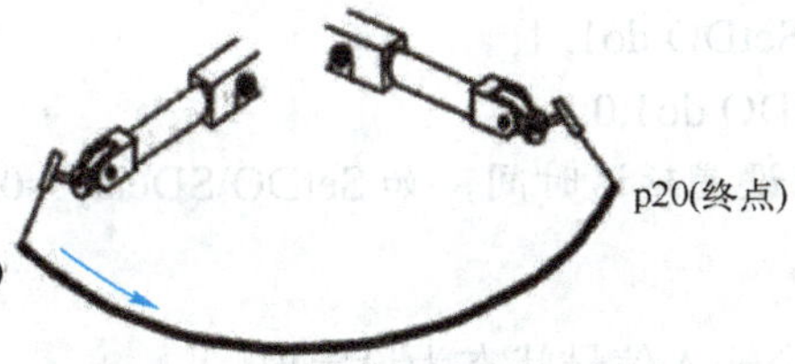

图 6-16　非直线运动

3）MoveC：圆弧运动指令。

将机器人 TCP 沿圆弧运动至给定目标点。圆弧运动指令 MoveC 在做圆弧运动时一般不超过 240°，所以一个完整的圆通常使用两条圆弧运动指令来完成。

举例：

MoveC p20, p30, v1000, z50, tool1, \WObj:=wobj1;

如图 6-17 所示，以机器人当前位置 p10 作为圆弧的起点，p20 是圆弧上的一点，p30 为圆弧的终点。

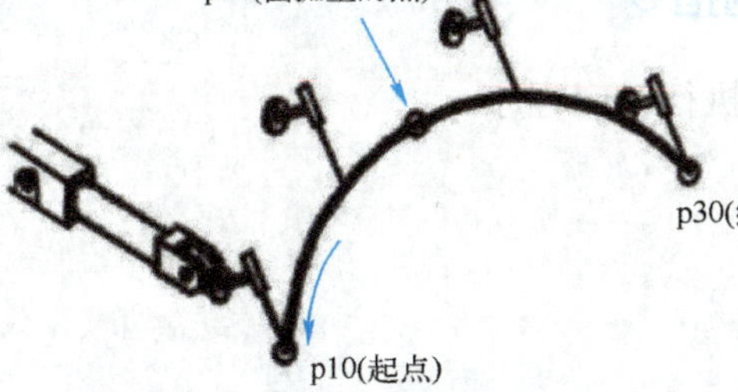

图 6-17　圆弧运动

4）MoveAbsJ：绝对运动指令。

将机器人各关节轴运动至给定位置。

举例：

PERS jointarget

jpos10:=[[0,0,0,0,0,0],[9E+09,9E+09,9E+09,9E+09,9E+09,9E+09]];!关节目标点数据中各关节轴为零度

MoveAbsj jpos10, v1000, z50, tool1\WObj:=wobj1;! 机器人运行至各关节轴零度位置

6.2.6 常用 I/O 控制指令

1）Set：将数字输出信号置为 1。

举例：

Set do1;

将数字输出信号 do1 置为 1。

2）Reset：将数字输出信号置为 0。

举例：

Reset do1;

将数字输出信号 do1 置为 0。

注：Set do1;等同于 SetDO do1, 1;

Reset do1;等同于 SetDO do1,0;

另外，SetDO 还可以设置延迟时间，如 SetDO\SDelay:=0.2, do1, 1; 则延迟 0.2s 后将 do1 置为 1。

3）WaitDI：等待一个输入信号状态为设定值。

举例：

WaitDI di1,1;

等待数字输入信号 di1 为 1，之后才执行下面的指令。

WaitDI di1,1; 等同于 WaitUntil di1=1;

另外，WaitUntil 应用更为广泛，等待后面条件为 TRUE 后继续执行，如：

WaitUntil bRead=False;

WaitUntil num1=1;

6.2.7 常用逻辑控制指令

1）IF：满足不同条件，执行对应程序。

举例：

IF reg1>5 THEN

Set do1;

ENDIF

如果 reg1>5 条件满足，则执行 Set do1 指令。

2）FOR：根据指定的次数，重复执行对应程序。

举例：

FOR I FROM 1 TO 10 DO

Routine1;

ENDFOR

重复执行 10 次 Routine1 里的程序。

FOR 指令后面跟的是循环计数值，其不用在程序数据中定义，每次运行一遍 FOR 循环中的指令后会自动执行加 1 操作。

3）WHILE：如果条件满足，则重复执行对应程序。

举例：

```
WHILE reg1<reg2 DO
reg1 := reg1 + 1;
ENDWHILE
```

如果 reg1<reg2 条件一直成立，则重复执行 reg1 加 1，直至 reg1<reg2 条件不成立为止。

4）TEST：根据指定变量的判断结果。

举例：

```
TEST reg1
CASE 1:
Routine1;
CASE 2:
Routine2;
DEFAULT:
Stop;
ENDTEST
```

判断 reg1 数值，若为 1 则执行 Routine1；若为 2 则执行 Routine2，否则执行 Stop。

6.2.8 注释行“!”

在语句前面加上“!”，则整行语句作为注释行，不被程序执行。

举例：

```
!Goto the Pick Position;
MoveL pPick, v1000, fine, tool1, \WObj:=wobj1;
```

6.2.9 Offs 偏移功能

以选定的目标点为基准，沿着选定工件坐标系的 *X*、*Y*、*Z* 轴方向偏移一定的距离。

举例：

```
MoveL Offs(p10, 0, 0, 10), v1000, z50, tool0 \WObj:=wobj1;
```

将机器人 TCP 动至以 p10 为基准点，沿着 wobj1 的 Z 轴正方向偏移 10mm 的位置。

6.2.10 CRobT 功能

读取当前机器人目标位置数据。

举例：

```
PERSrobtarget p10;
```

p10 := CRobT(\Tool := tool1 \WObj := wobj1);

读取当前机器人目标点位置数据，指定工具数据为 tool1，工件坐标系数据为 wobj1 （若不指定，则默认工具数据为 tool0，默认工件坐标系数据为 wobj0），之后将读取的目标点数据赋值给 p10。

6.2.11 常用写屏指令

一般先对示教器清屏（使用 TPRease 指令），再使用写屏指令 TPwrite，在显示屏上显示预设的信息。

例如：

TPRease;

TPWrite "The Robot is running! ";

TPWrite "The Last CycleTime is: "Num:=nCycleTime;

设上一次循环时间 nCycleTime 为 10s，则示教器上面显示内容为

The Robot is running!

The Last CycleTime is:10s

6.2.12 检测 HOME 点模板

在实训任务中，每个程序都有检测 Home 点的例行程序 rCheckHomePos，以及比较机器人当前位置和给定位置是否相同的功能 CurrentPos，其程序内容如下，在后续的代码中不再重复。

程序：

```
rCheckHomePos、CurrentPos
说明：检查原点程序，如机器人不在原点位置则返回原点
PROC rCheckHomePos()
！ 检测是否在 Home 点程序
VARrobtargetpActualPos;
！ 定义一个目标点数据
pActualPos
IFNOT CurrentPos(pHome,tGripper)  THEN
！ 调用功能程序 CurrentPos。此为一个布尔量型的功能程序，括号里面的参数分别指的是所要比较的目标点以及使用的工具数据
！ 这里写入的是 pHome，是将当前机器人位置与 pHome 点进行比较，若在 Home 点，则此布尔量为 True ； 若不在 Home 点，则为 False
！ 在此功能程序的前面加上一个 NOT ，则表示当机器人不在 Home 点时才会执行 IF 判断中机器人返回 Home 点的动作指令
pActualpos:=CRobT (\Tool:=tGripper\WObj:=wobj0 );
！ 利用 CRobT 功能读取当前机器人目标位置并赋值给目标点数据
pActualpos.trans.z:=pHome.trans.z;
pActualpos;
！ 将 pHome 点的 Z 值赋给 pActualpos 点的 Z 值
MoveL pActualpos, v100 ,z10 ,tGripper;
！ 移至已被赋值的后的 pActualpos 点
MoveL pHome, v100,fine ,tGripper;
！ 移至 pHome，上述指令的目的是需要先将机器人提升至与 pHome 点一样的高度，之后再平移至 pHome 点，这样可以简单地规划一条安全回到 Home 点的轨迹
```

```
        ENDIF
        ENDPROC

        FUNC boolCurrentPos(robtargetComparePos,INOUTtooldata TCP)
        ! 检测目标点功能程序，带有两个参数，比较目标点和所使用的工具数据
        VARnum Counter:=0;
        ! 定义数字型数据 Counter
        VARrobtarget ActualPos;
        ! 定义目标点数据 ActualPos
        ActualPos:=CRobT (\Tool:=tGripper\WObj:=wobj0 );
        ! 利用 CRobT 功能读取当前机器人目标位置并赋值给 ActualPos
        IF ActualPos.trans.x>ComparePos.trans.x-25 AND ActualPos.trans.x<ComparePos.
trans.x+25 Counter:= Counter+1;
        IF ActualPos.trans.y>ComparePos.trans.y-25 AND ActualPos.trans.y<ComparePos.
trans.y+25  Counter:= Counter+1;
        IF ActualPos.trans.z>ComparePos.trans.z-25 AND ActualPos.trans.z<ComparePos.
trans.z+25 Counter:= Counter+1;
        IF  ActualPos.rot.q1>ComparePos.rot.q1-0.1 AND ActualPos.rot.q1<ComparePos.
rot.q1+0.1  Counter:= Counter+1;
        IF  ActualPos.rot.q2>ComparePos.rot.q2-0.1 AND ActualPos.rot.q2<ComparePos.
rot.q2+0.1  Counter:= Counter+1;
        IF  ActualPos.rot.q3>ComparePos.rot.q3-0.1 AND ActualPos.rot.q3<ComparePos.
rot.q3+0.1  Counter:= Counter+1;
        IF  ActualPos.rot.q4>ComparePos.rot.q4-0.1 AND ActualPos.rot.q4<ComparePos.
rot.q4+0.1  Counter:= Counter+1;
        ! 将当前机器人所在目标位置数据与给定目标点位置数据进行比较，共 7 项数值，分别是 X、 Y、
Z 坐标值以及工具姿态数据 q1、q2、q3、q4 里面的偏差值，如 X、Y、Z 坐标偏差值 25 可根据实际情况进
行调整。每项比较结果成立，则计数 Counter 加 1，7 项全部满足的话，则 Counter 数值为 7
        RETURN Counter=7;
        ! 返回判断式结果，若 Counter 为 7，则返回 TRUE，若不为 7，则返回 FALSE
        ENDFUNC
```

6.3 任务实施

6.3.1 工作站解包

工作站解包步骤如下：

1）双击工作站打包文件 TwoRobotsAndCarry.rspag，如图 6-18 所示。

图 6-18 选择待解包的文件

2）单击“下一个”按钮，如图 6-19 所示。

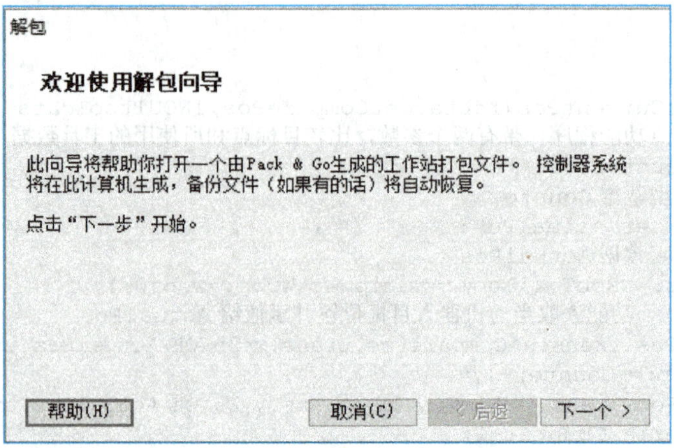

图 6-19 打开解包向导

3）单击“浏览”按钮，选择存放解包文件的目录，单击“下一个”按钮，如图 6-20 所示。

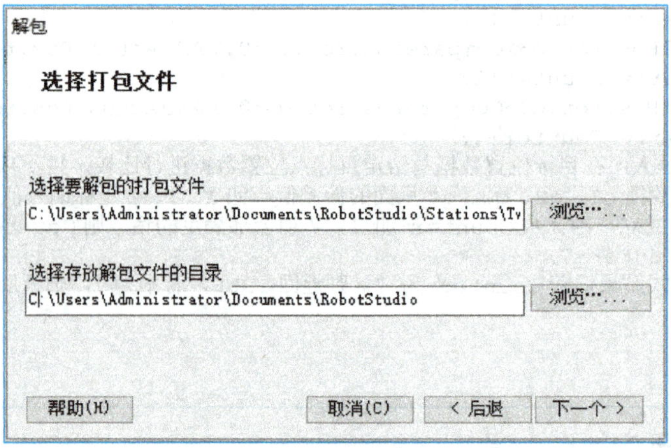

图 6-20 选择打包文件

4）机器人系统库指向“Mediapool”文件夹，选择 RobotWare 版本，单击“下一个”按钮，如图 6-21 所示。

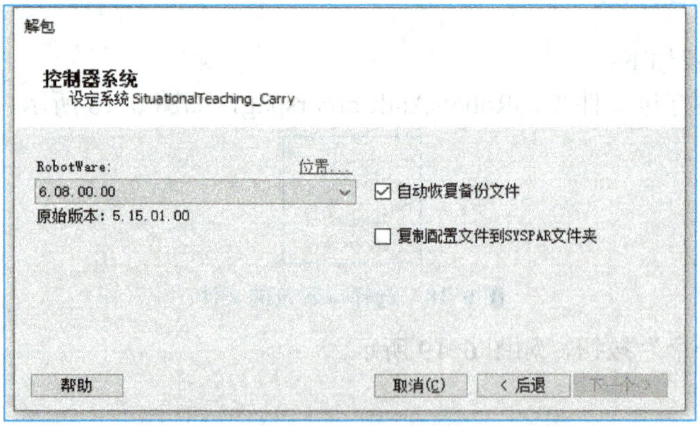

图 6-21 选择控制器系统

5）解包就绪后，单击“完成”按钮，如图 6-22 所示。

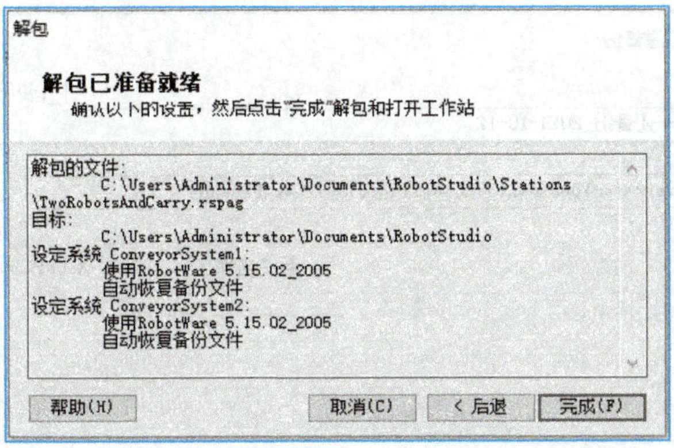

图 6-22　解包准备就绪

6）确认后，单击“关闭”按钮，如图 6-23 所示。

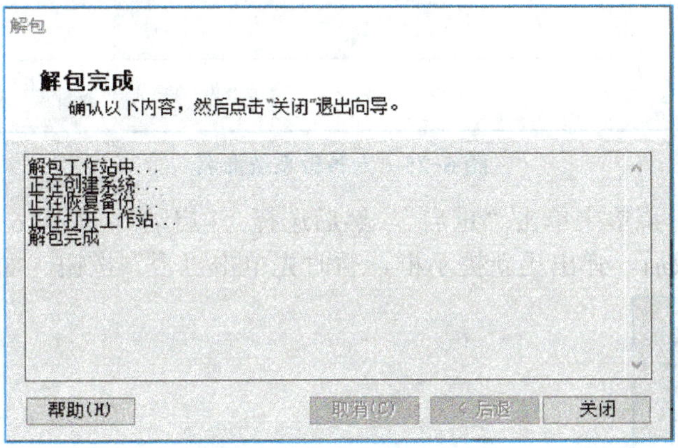

图 6-23　解包完成

7）解包完成后，在主窗口显示整个搬运工作站。

6.3.2　创建备份并执行 I 启动

现有工作站已包含创建好的参数以及 RAPID 程序。从零开始练习建立工作站的配置工作，需要先将此系统做一备份，之后执行 I 启动，将机器人系统恢复到出厂初始状态。

1）在“控制器”菜单中单击“备份”，然后选择“创建备份”，如图 6-24 所示。

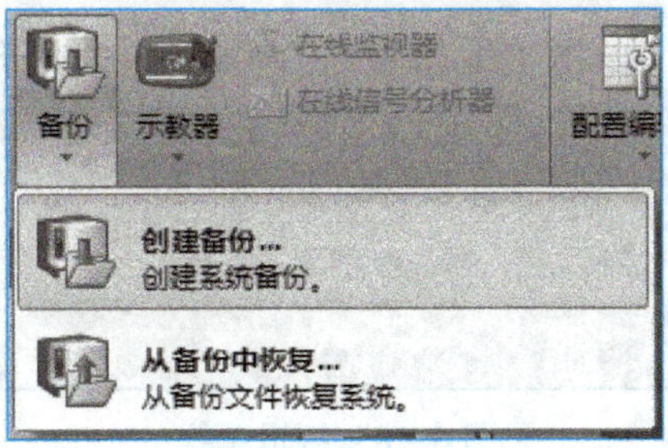

图 6-24　创建系统备份

2）为备份命名，并选定保存的位置，如图6-25所示。选定后单击“确定”按钮。

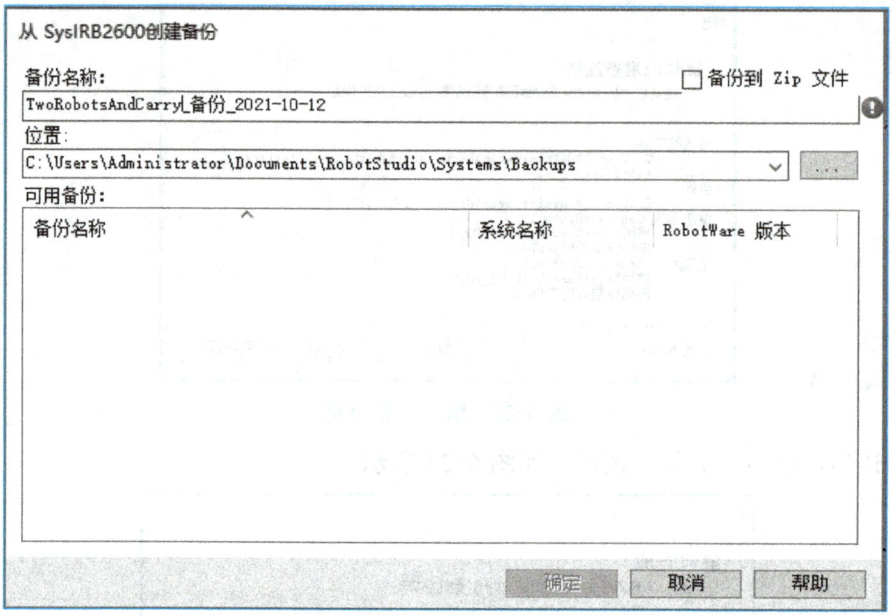

图6-25　为备份系统命名

3）在“控制器”菜单中单击“重启”，然后选择“I启动”，如图6-26所示。

4）在I启动完成后，弹出更新提示框，暂时先单击“否”按钮，如图6-27所示。

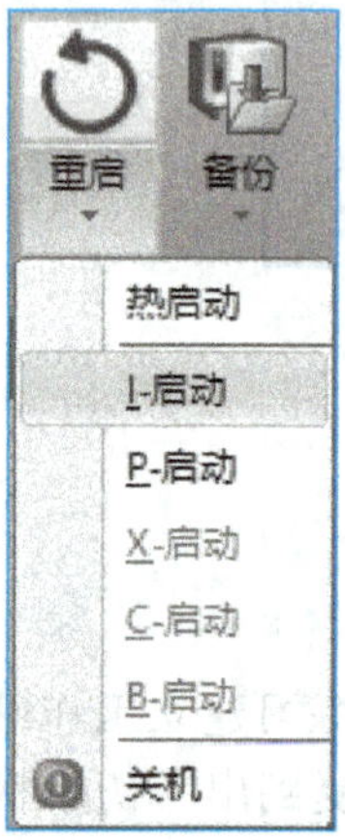

图6-26　重启系统（I启动）

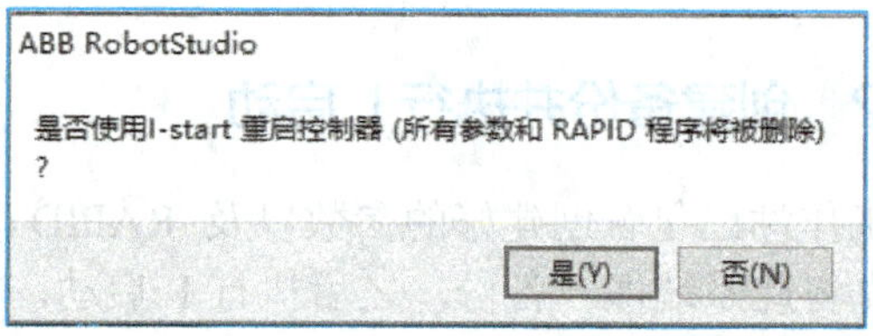

图6-27　I启动对话框

5）在“控制器”菜单中，单击“编辑系统”，如图6-28所示。

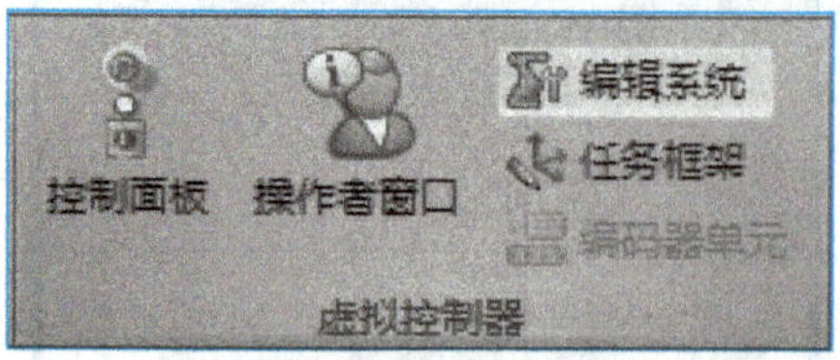

图6-28　编辑系统

6）在左侧栏选中“ROB_1”，在右侧选中“使用当前工作站数值”单选按钮，单击“确定”按钮，如图 6-29 所示。

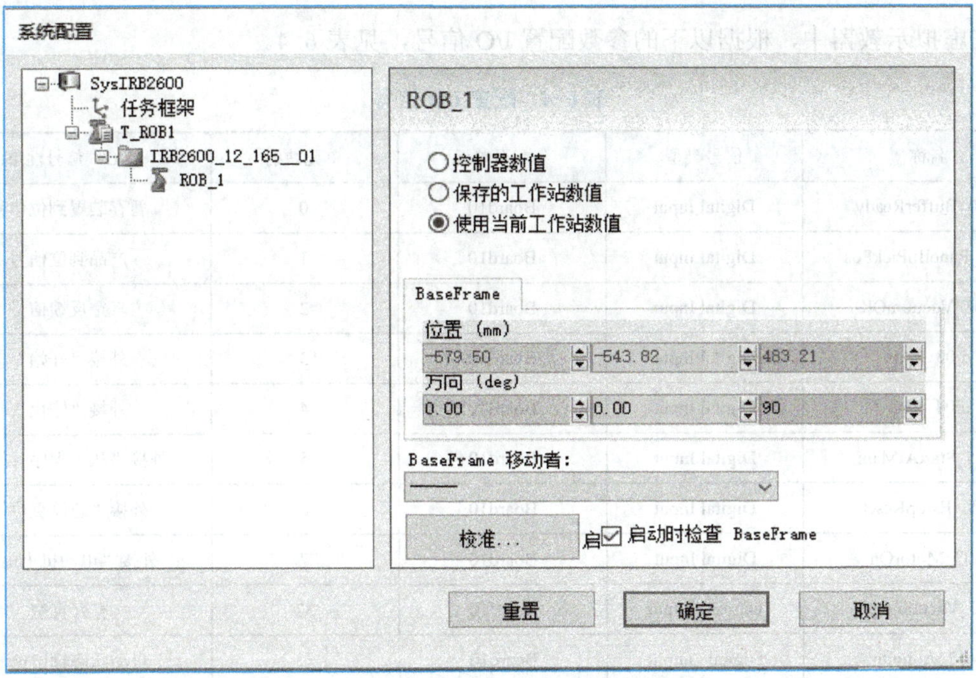

图 6-29　编辑系统的位置方向

待执行热启动后，则完成了工作站的初始化操作。

重启类型介绍如下：

热启动：修改系统参数及配置后使其生效。

关机：关闭当前系统，同时关闭主机。

B 启动：尝试从最近一次无错状态下启动系统。

P 启动：重新启动并删除已加载的 RAPID 程序。

I 启动：重新启动，恢复至出厂设置。

C 启动：重新启动并删除当前系统。

X 启动：重新启动，装载系统或选择其他系统，修改 IP 地址。

6.3.3　配置 I/O 单元

在虚拟示教器中，根据以下的参数配置 I/O 单元，见表 6-3。

表 6-3　配置 I/O 单元

名称	单元类型	连接至总线	设备通信地址
Board10	D651	DeviceNet1	10

6.3.4 配置 I/O 信号

在虚拟示教器中，根据以下的参数配置 I/O 信号，见表 6-4。

表 6-4 配置 I/O 信号

名称	信号类型	分配至单元	单元映射	I/O 信号注解
di00_BufferReady	Digital Input	Board10	0	暂存装置到位信号
di01_PanelInPickPos	Digital Input	Board10	1	产品到位信号
di02_VacuumOK	Digital Input	Board10	2	真空反馈信号
di03_Start	Digital Input	Board10	3	外接“开始”
di04_Stop	Digital Input	Board10	4	外接“停止”
di05_StartAtMain	Digital Input	Board10	5	外接“从主程序开始”
di06_EstopReset	Digital Input	Board10	6	外接“急停复位”
di07_MotorOn	Digital Input	Board10	7	外接“电动机上电”
do32_VacuumOpen	Digital Output	Board10	32	打开真空
do33_AutoOn	Digital Output	Board10	33	自动状态输出信号
do34_BufferFull	Digital Output	Board10	34	暂存装置满载

6.3.5 配置系统 I/O 信号

在虚拟示教器中，根据以下的参数配置系统 I/O 信号，见表 6-5。

表 6-5 配置 I/O 信号

类型	信号名称	动作/状态	实参	注释
System Input	di03_Start	Start	Continuous	程序启动
System Input	di04_Stop	Stop	无	程序停止
System Input	di05_StartAtMain	StartMain	Continuous	从主程序启动
System Input	di06_EstopReset	ResetEstop	无	急停状态恢复
System Input	di07_MotorOn	MotorOn	无	电动机上电
System Output	do33_AutoOn	Auto On	无	自动状态输出

6.3.6 创建工具数据

在虚拟示教器中，根据以下的参数设定工具数据 tGripper，如参数设定表 6-6 所示，工具如图 6-30 所示。

表 6-6　创建工具数据

参数名称	参数数值
robothold	True
Trans	
X	0
Y	0
Z	115
Rot	
q1	1
q2	0
q3	0
q4	0
mass	1
Cog	
X	0
Y	0
Z	100
其余参数均为默认值	

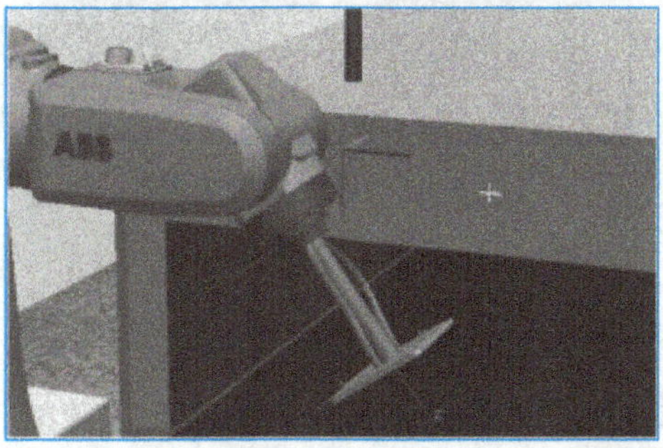

图 6-30　设定工具数据

6.3.7　创建工件坐标系数据

本工作站中，工件坐标系均采用用户三点法创建。在虚拟示教器中，根据图所示位置设定工件坐标，如图 6-31 所示。

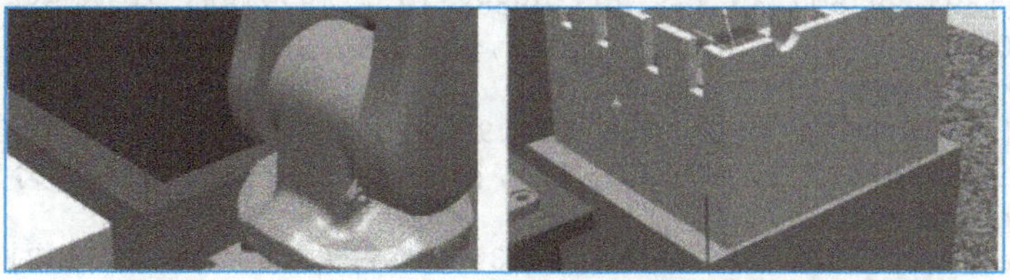

图 6-31　工件坐标系 WobjCNV 和 WobjBuffer

6.3.8 创建载荷数据

在虚拟示教器中，根据以下的参数设定载荷数据 LoadFull，参数设定见表 6-7，载荷如图 6-32 所示。

表 6-7 创建载荷数据值

参数名称	参数数值
Mass	0.5
Cog	
X	0
Y	0
Z	3
其余参数均为默认值	

图 6-32 设定载荷数据

6.3.9 程序说明

本工作站要实现的动作是机器人在流水线上拾取太阳能薄板工件，将其搬运至暂存盒中，以便周转至下一工位进行处理。

在熟悉了此 RAPID 程序后，可以根据实际的需要在此程序的基础上做适用性的修改，以满足实际逻辑与动作的控制。

以下是实现机器人逻辑和动作控制的 RAPID 程序：

数据定义：

```
CONST robtarget
pPick:=[[394.997607159,132.703199388,12.734872184],[0.005862588,-0.00300065,
0.999966662, 0.004827206], [0,0,0,0],[9E9,9E9,9E9,9E9,9E9,9E9]];
CONST robtarget
pHome:=[[-548.424175962,-238.61219249,801.420966892],[-0.000000012,
-0.707106781, 0.707106781,-0.000000 012],[0,0,0,0],[9E9,9E9,9E9,9E9,9E9,9E9]];
CONST robtarget
pPlaceBase:=[[100.088594059,77.835146221,158.046135973],[0.00000004,
-0.000623424,0.999999806,-0.000000001],[-1,0,-1,0],[9E9,9E9,9E9,9E9,9E9,9E9]];
！需要示教的目标点数据，抓取点 pPick，HOME 点 pHome，放置基准点 pPlaceBase
PERS robtarget pPlace;
！放置目标点，类型为 PERS，在程序中被赋予不同的数值，用以实现多点位放置
```

```
CONST jointtargetjposHome:=[[0,0,0,0,0,0],[9E9,9E9,9E9,9E9,9E9,9E9]];
! 关节目标点数据，各关节轴度数为 0，即机器人回到各关节轴机械刻度零位
CONST speeddatavLoadMax:=[3000,300,5000,1000];
CONST speeddatavLoadMin:=[500,200,5000,1000];
CONST speeddatavEmptyMax:=[5000,500,5000,1000];
CONST speeddatavEmptyMin:=[1000,200,5000,1000];
! 速度数据，根据实际需求定义多种速度数据，以便于控制机器人各动作的速度
PERSnumnCount:=1;
! 数字型变量 nCount，此数据用于太阳能薄板计数，根据此数据的数值赋予放置目标点 pPlace
不同的位置数据，以实现多点位放置
PERSnumnXoffset:=145;
PERSnumnYoffset:=148;
! 数字型变量，用来放置位置偏移数值，即太阳能薄板摆放位置之间在 X 、Y 方向的单个间隔距离
VARboolbPickOK:=False;
! 布尔量，当拾取动作完成后将其置为 True，放置完成后将其置为 False，以作逻辑控制之用
TASKPERStooldatatGripper:=[TRUE,[[0,0,115],[1,0,0,0]],[1,[0,0,100],[0,
1,0,0],0,0,0]];
! 定义工具坐标系数据 tGripper
TASKPERS  wobjdata  WobjBuffer:=[FALSE,TRUE  ,""  ,[[-350.365,-355.079,
418.761], [0.707547, 0,0,0.706666]],[[0,0,0],[1,0,0,0]]];
! 定义暂存盒工件坐标系 WobjBuffer
TASKPERS
wobjdata
WobjCNV:=[FALSE,TRUE,"",[[-726.207,-645.04,600.015],[0.709205,-0.0075588,
0.000732113, 0.704961]], [[0,0,0 ],[1,0,0,0]]];
! 定义输送带工件坐标系
WobjCNV  TASKPERS
loaddataLoadFull:=[0.5,[0,0,3],[1,0,0,0],0,0,0];
! 定义有效载荷数据
LoadFull
```

主程序运行程序：

```
PROC  Main()
! 主程序
rInitialize;
! 调用初始化程序
WHILETRUEDO
! 利用 WHILE  循环将初始化程序隔开
rPickPanel;
! 调用拾取程序
rPlaceInBuffer;
! 调用放置程序
Waittime  0.3;
! 循环等待时间，防止不满足机器人动作情况下程序扫描过快，造成 CPU 过负荷
ENDWHILE
ENDPROC
PROC rInitialize()
! 初始化程序
rCheckHomePos;
! 机器人位置初始化，调用检测是否在 Home 位置点程序，检测当前机器人位置是否在 HOME 点，
若在 HOME 点，则继续执行之后的初始化相关指令；若不在 HOME 点，则先返回至 HOME 点
nCount:=1;
! 计数初始化，将用于太阳能薄板的计数数值设置为 1，即从放置的第一个位置开始摆放
reset do32_VacuumOpen;
! 信号初始化，复位真空信号，关闭真空
```

```
bPickOK:=FALSE;
! 布尔量初始化，将拾取布尔量置为 FALSE
ENDPROC
PROC rPickPanel()
! 拾取太阳能薄板程序
IF bPickOK= FALSE THEN
```

! 当拾取布尔量 bPickOK 为 FALSE 时，则执行 IF 条件下的拾取动作指令，否则执行 ELSE 中出错处理的指令，因为当机器人去拾取太阳能薄板时，需保证其真空夹具上面没有太阳能薄板

```
Move JOffs(pPick,0,0,100),vEmptyMax,z20,tGripper\WObj:=WobjCNV;
! 利用 MoveJ 指令移至拾取位置 pPick 点正上方 Z 轴正方向 100mm 处
WaitDI
di01_PanelInPickPos,1;
! 等待产品到位信号 di01_PanelInPickPos 变为 1，即太阳能薄板已到位
MoveL pPick,vEmptyMin, fine ,tGripper\WObj:=WobjCNV;
! 产品到位后，利用 MoveL 移至拾取位置 pPick 点
Set do32_VacuumOpen;
! 将真空信号置为 1，控制真空吸盘产生真空，将太阳能薄板拾起
WaitDI
di02_VacuumOK,1;
! 等待真空反馈信号为 1，即真空夹具产生的真空度达到需求后才认为已将产品完全拾起。
```

若真空夹具上面没有真空反馈信号，则可以使用固定等待时间，如“Waittime 0.3”“bPickOK:=TRUE ; ”

！真空建立后，将拾取的布尔量置为 TRUE，表示机器人夹具上面已拾取一个产品，以便在放置程序中判断夹具的当前状态

```
GripLoad
LoadFull;
! 加载载荷数据 LoadFull
MoveL Offs(pPick,0,0,100),vLoadMin,z10 ,tGripper\WObj:=WobjCNV;
! 利用 MoveL 移至拾取位置 pPick 点正上方 100mm 处
ELSE
TPERASE ;
TPWRITE "Cycle Restart Error";
TPWRITE "Cycle can't start with SolarPanel on Gripper";
TPWRITE "Please check the Gripper and then press the start button";
Stop;
```

！如果在拾取开始之前拾取布尔量已经为 TRUE，则表示夹具上面已有产品，此种情况下机器人不能再去拾取另一个产品。此时通过写屏指令描述当前错误状态，并提示操作员检查当前夹具状态，排除错误状态后再开始下一个循环。同时利用 Stop 指令，停止程序运行

```
ENDIF
ENDPROC
PROC rPlaceInBuffer()
! 放置程序
IF bPickOK=TRUE THEN
rCalculatePos;
```

! 调用计算放置位置程序。此程序中会通过判断当前计数 nCount 的值，从而对放置点 pPlace 赋予不同的放置位置数据

```
WaitDI di00_BufferReady,1;
! 等待暂存盒准备完成信号 di00_BufferReady 变为 1
MoveJ Offs(pPlace,0,0,100),vLoadMax,z50,tGripper\WObj:=WobjBuffer;
! 利用 MoveJ 移至放置位置 pPlace 点正上方 100mm 处
MoveL Offs(pPlace,0,0,0),vLoadMin,fine ,tGripper\WObj:=WobjBuffer;
! 利用 MoveL 移至放置位置 pPlace 处
Reset do32_VacuumOpen;
! 复位真空信号，控制真空夹具关闭真空，将产品放下
WaitDI
```

```
di02_VacuumOK,0;
! 等待真空反馈信号变为 0
WaitTime 0.3;
! 等待 0.3s，以防止刚放置的产品被剩余的真空带起
GripLoadload0;
! 加载载荷数据 load0
bPickOK:=FALSE ;
! 此时真空夹具已将产品放下，需要将拾取布尔量置为 FALSE，以便在下一个循环的拾取程序中判断夹具的当前状态
MoveL Offs(pPlace,0,0,100),vEmptyMin,z10 ,tGripper\WObj:=WobjBuffer;
! 利用 MoveL 移至放置位 pPlace 点正上方 100mm 处
nCount:=nCount+1;
! 产品计数 nCount 加 1，通过累积 nCount 的数值，在计算放置位置的程序 rCalculatePos 中赋予放置点 pPlace 不同的位置数据
IF nCount>4  THEN
! 判断计数 nCount 是否大于 4，此处演示的状况是放置 4 个产品，即表示已满载，需要更换暂存盒以及其他的复位操作，如计数 nCount、满载信号等
nCount:=1;
! 计数复位，将 nCount 赋值为 1
Set do34_BufferFull;
! 输出暂存盒满载信号，以提示操作员或周边设备更换暂存装置
MoveJ pHome,v100 ,fine ,tGripper;
! 机器人移至 Home 点，此处可根据实际情况来设置机器人的动作，例如若是多工位放置，那么机器人可继续去其他的放置工位进行产品的放置任务
WaitDI di00_BufferReady,0;
! 等待暂存装置到位信号变为 0，即满载的暂存装置已被取走
Reset do34_BufferFull;
! 满载的暂存装置被取走后，则复位暂存装置满载信号
ENDIF
ENDIF
ENDPROC
PROC rCalculatePos()
! 计算位置子程序，检测当前计数 nCount 的数值，以 pPlaceBase 为基准点，利用 Offs 指令在坐标系 WobjBuffer 中沿着 X、Y、Z 方向偏移相应的数值
TEST nCount  CASE  1:
pPlace:= Offs (pPlaceBase,0,0,0);
! 若 nCount 为 1，pPlaceBase 点就是第一个放置位置，所以 X、Y、Z 偏移值均为 0，也可以直接写成：pPlace:=pPlaceBase;
CASE  2:
pPlace:= Offs (pPlaceBase,nXoffset,0,0);
! 若 nCount 为 2，位置 2 相对于放置基准点 pPlaceBase 点在 X 正方向偏移了一个产品间隔
CASE  3:
pPlace:= Offs (pPlaceBase,0,nYoffset,0);
! 若 nCount 为 3，位置 3 相对于放置基准点 pPlaceBase 点在 Y 正方向偏移了一个产品间隔
CASE  4:
pPlace:= Offs (pPlaceBase,nXoffset,nXoffset,0);
! 若 nCount 为 4，位置 4 相对于放置基准点 pPlaceBase 点在 X、Y 正方向各偏移了一个产品间隔
DEFAULT:
TPERASE ;
TPWRITE "The CountNumber is error,please check it!"
Stop ;
!若 nCount 数值不为 Case 中所列的数值，则视为计数出错，写屏提示错误信息，并利用 Stop 指令停止程序循环
ENDTEST
ENDPROC
PROC rCheckHomePos()
```

```
! 内容参考前面相关章节
ENDPROC
FUNC boolCurrentPos(robtargetComparePos,INOUTtooldata TCP)
! 内容参考实训准备章节
ENDFUNC
```

辅助程序：

```
PROC rMoveAbsj()
MoveAbsJ jposHome\NoEOffs,v100 ,fine ,tGripper\WObj:=Wobj0 ;
! 利用 MoveAbsJ 移至机器人各关节轴零位位置
ENDPROC
PROC rModPos()
! 示教目标点程序
MoveL pPick, v10 ,fine ,tGripper\WObj:=WobjCNV;
! 示教拾取点 pPick，在工件坐标系 WobjCNV 下
MoveL pPlaceBase,v10 ,fine ,tGripper\WObj:=WobjBuffer;
! 示教放置基准点 pPlaceBase，在工件坐标系 WobjBuffer 下
MoveL pHome, v10 ,fine ,tGripper;
! 示教 Home 点 pHome，在工件坐标系 Wobj0 下
ENDPROC
```

6.3.10 示教目标点

在本工作站中，需要示教 3 个目标点，分别为太阳能薄板拾取点 pPick、放置基准点 pPlaceBase、程序起始点 pHome，如图 6-33～图 6-35 所示。

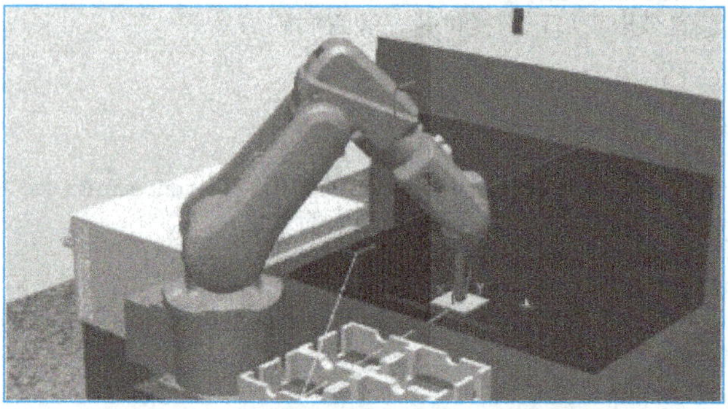

图 6-33 拾取点

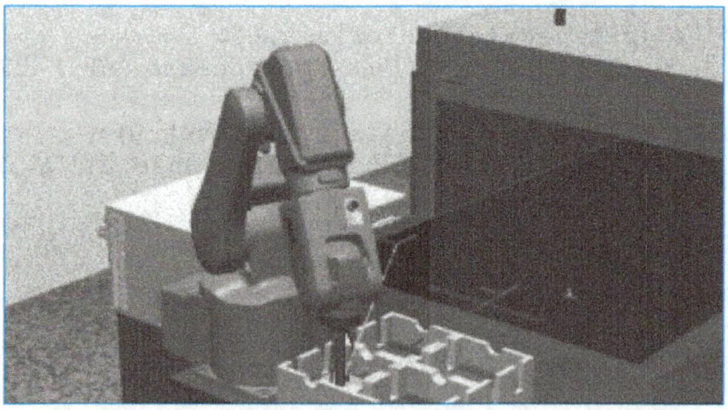

图 6-34 放置基准点

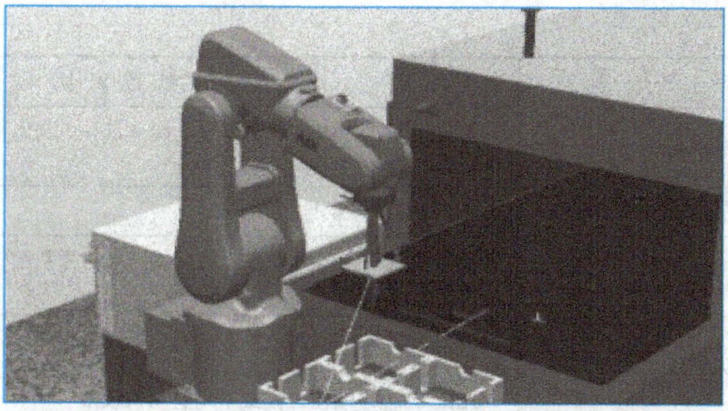

图 6-35　程序起始点

在 RAPID 程序模板中包含一个专门用于手动示教目标点的子程序 rModPos，在虚拟示教器中，进入“程序编辑器”，将指针移动至该子程序，之后通过虚拟示教器操纵机器人依次移动至拾取点 pPick、放置基准点 pPlaceBase、程序起始点 pHome，并通过修改位置将其记录下来。

示教目标点完成之后，即可进行仿真操作，查看一下工作站的整个工作流程。

6.4 相关知识

6.4.1 载荷测定

载荷测定服务例行程序在机器人系统中已预定义了数个服务例行程序，如 SMB 电池节能、自动测定载荷等。其中，LoadIdentify 可以测定工具载荷和有效载荷。可确认的数据是质量、重心和转动惯量。与已确认数据一同提供的还有测量精度，该精度可以表明测定的进展情况。

在本案例中，由于工具及搬运工件结构简单，并且对称，所以可以直接通过手工测量的方法测出工具及工件的载荷数据，但若所用工具或搬运工件较为复杂，不便于手工测量，则可使用此服务例行程序来自动测量出工具载荷或有效载荷，详见前面相关章节。

6.4.2 数字 I/O 信号设置参数介绍

数字 I/O 信号设置参数设置说明见表 6-8。

表 6-8　数字 I/O 信号设置参数说明

参数名称	参数说明
Name	信号名称（必设）
Type of Signal	信号类型（必设）
Assigned to Unit	连接到的 I/O 单元（必设）

（续）

参数名称	参数说明
Signal Identification lable	信号标签，为信号添加标签，便于查看。例如将信号标签与接线端子上标签设为一致，如 Conn.X4、Pin 1
Unit Mapping	占用 I/O 单元的地址（必设）
Category	信号类别，为信号设置分类标签，当信号数量较多时，通过类别过滤，便于分类别查看信号
Access Level	写入权限 ReadOnly：各客户端均无写入权限，只读状态 Default：可通过指令写入或本地客户端（如示教器）在手动模式下写入 All：各客户端在各模式下均有写入权限
Default Value	默认值，系统启动时其信号默认值
Filter Time Passive	失效过滤时间（ms），防止信号干扰，如设置为 1000，则当信号置为 0，持续 1s 后才视为该信号已置为 0（限于输入信号）
Filter Time Active	激活过滤时间（ms），防止信号干扰，如设置为 1000，则当信号置为 1，持续 1s 后才视为该信号已置为 1（限于输入信号）
Signal Value at System Failure and Power Fail	断电保持，当系统错误或断电时是否保持当前信号状态（限于输出信号）
Store Signal Value at Power Fail	当重启时是否将该信号恢复为断电前的状态（限于输出信号）
Invert Physical Value	信号置反

6.4.3 系统输入/输出

系统输入说明见表 6-9。

表 6-9 系统输入说明

系统输入	说明
Motor On	电动机上电
Motor On and Start	电动机上电并启动运行
Motor Off	电动机断电
Load and Start	加载程序并启动运行
Interrupt	中断触发
Start	启动运行
Start at Main	从主程序启动运行
Stop	暂停
Quick Stop	快速停止
Soft Stop	软停止
Stop at End of Cycle	在循环结束后停止
Stop at End of Instruction	在指令运行结束后停止
Reset Execution Error Signal	报警复位
Reset Emergency Stop	急停复位
System Restart	重启系统
Load	加载程序文件，使用后，之前使用 Load 加载的程序文件将被清除
Backup	系统备份

系统输出说明见表 6-10。

表 6-10　系统输出说明

系统输出	说明
Auto On	自动运行状态
Backup Error	备份错误报警
Backup in Progress	系统备份进行中状态，当备份结束或错误时信号复位
Cycle On	程序运行状态
Emergency Stop	紧急停止
Execution Error	运行错误报警
Mechanical Unit Active	激活机械单元
Mechanical Unit Not Moving	机械单元没有运行
Motor Off State	电动机断电状态
Motor On State	电动机上电状态
Motion Supervision On	动作监控打开状态
Motion Supervision Triggered	当碰撞检测被触发时信号置位
Path Return Region Error	返回路径失败状态，机器人当前位置离程序位置太远导致
Power Fail Error	动力供应失效状态，机器人断电后无法从当前位置运行
Production Execution Error	程序执行错误报警
Run Chain OK	运行链处于正常状态
Simulated I/O	虚拟 I/O 状态，有 I/O 信号处于虚拟状态
Task Executing	任务运行状态
TCP Speed	TCP 速度，用模拟输出信号反映机器人当前实际速度
TCP Speed Reference	TCP 速度参考状态，用模拟输出信号反映机器人当前指令中的速度

注：以上系统输入/ 输出信号定义是基于 ROBOTWARE5.15，新版本可能会有所变化。

6.4.4　限制关节轴运动范围

在某些特殊情况下，因为工作环境或控制的需要，要对机器人关节轴的运动范围进行限定。具体操作步骤如下。

1）依次单击“ABB”→“控制面板”→“配置”，之后单击“主题”，选择“Motion”，如图 6-36 所示。

2）单击“Arm”选项，如图 6-37 所示。

3）这里，对关节轴 1 进行设定。单击“rob1_1”选项，如图 6-38 所示。

4）参数“Upper Joint Bound”和“Lower Joint Bound”分别指的关节轴正负方向最大转动角度，单位为 rad（1rad 约为 57.3°）。通过修改这两项参数来修改此关节轴的运动方位，修改后需要重新启动才会生效。此种型号机器人的两项数据默认值分别为 2.87979rad 和 −2.87979rad，转换成度数即 165° 和 −165°，如图 6-39 所示。

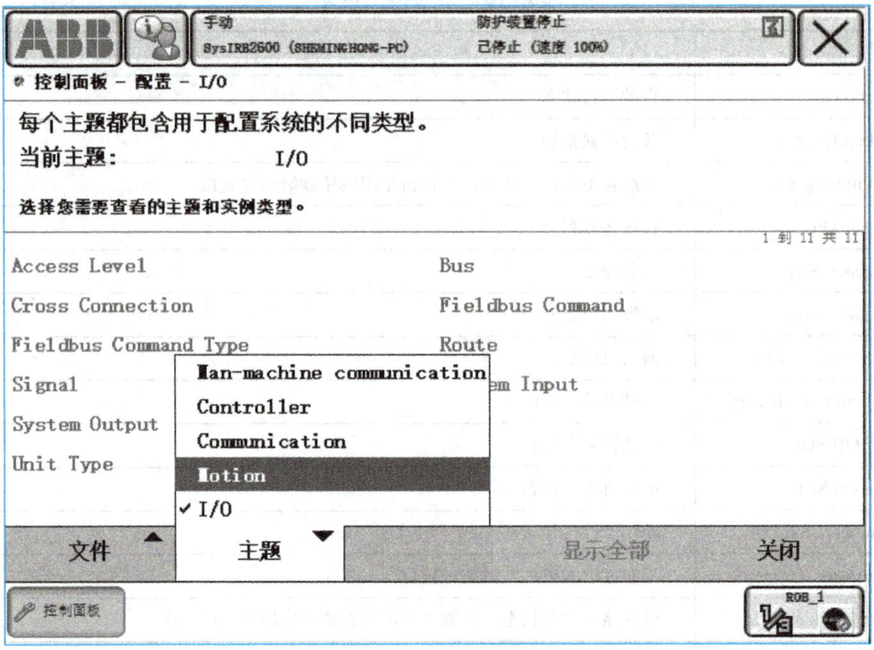

图 6-36 配置运动关节

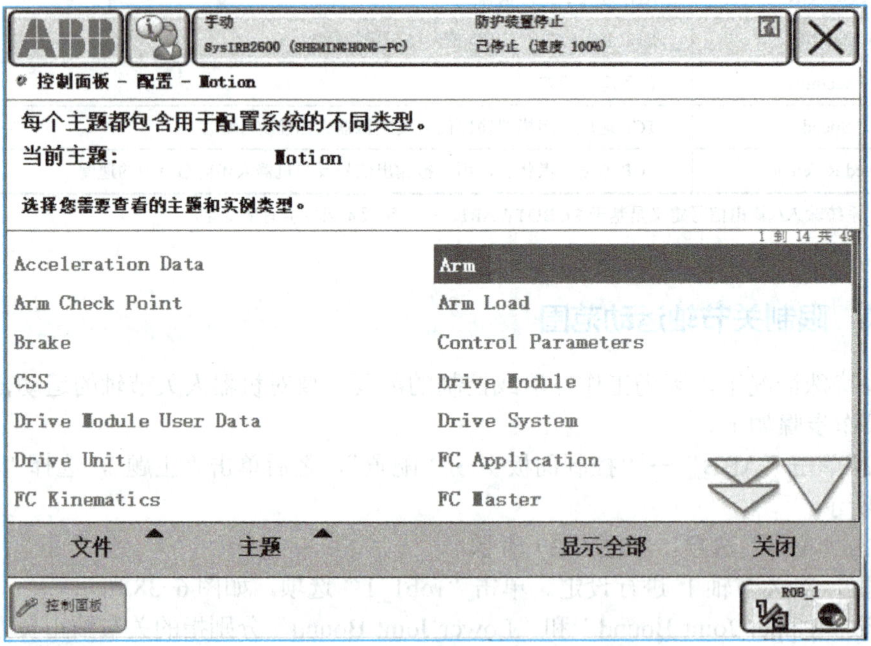

图 6-37 选择运动关节

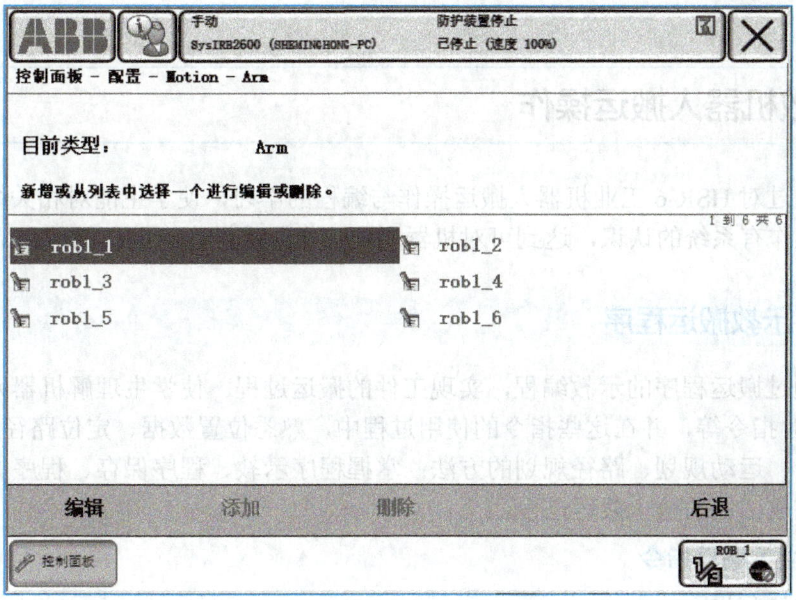

图 6-38　选定 rob1_1 关节

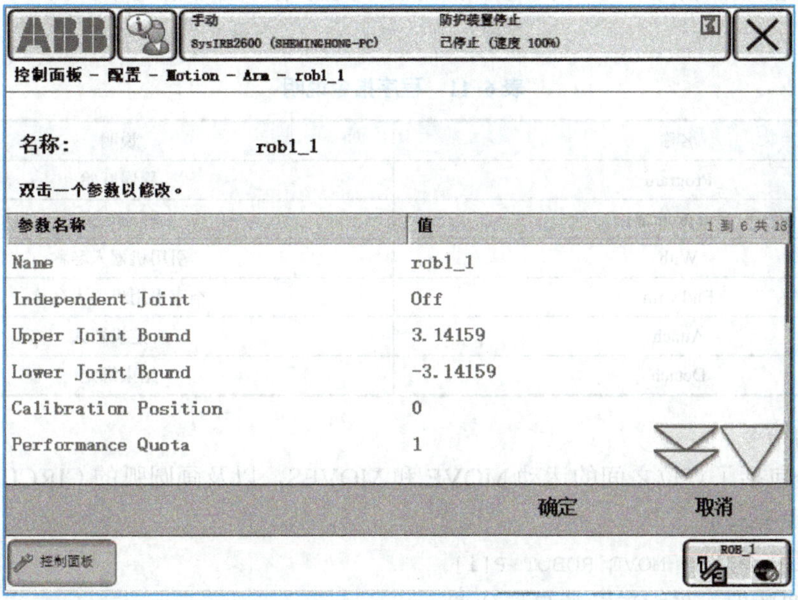

图 6-39　设定 rob1_1 值

6.4.5　奇异点管理

机器人关节轴 5 的角度为 0°，同时关节轴 4 和关节轴 6 角度一样时，机器人处于奇异点。当在设计夹具及工作站布局时，应尽量避免机器人运动轨迹通过奇异点。

SingArea 指令去让机器人自动规划当前轨迹经过的奇异点时的插补方式。如允许轻微改变工具的姿态，以便通过奇异点，使用 SingArea Off 可以关闭自动插补。

6.5 华数机器人搬运操作

本任务通过对 HSR-6 工业机器人搬运操作与编程的学习，使学生能对相关编程指令、示教器的相关操作有系统的认识，达到可对机器人搬运作业的操作、编程的能力。

6.5.1 示教搬运程序

本任务通过搬运程序的示教编程，实现工件的搬运过程。使学生理解机器人运动指令、I/O 指令、延时指令等，并在这些指令的使用过程中，熟悉位置数据、定位路径的设置过程；学会任务分析、运动规划、路径规划的方法；掌握程序示教、程序保存、程序加载运行操作过程，最终完成工件的整个搬运过程。

1. 搬运相关编程指令

（1）程序控制指令

程序控制指令在新建程序时自动添加到程序文件中，通常情况下，用户无须修改。见表 6-11。

表 6-11 程序指令说明

名称	说明
Program	程序开始
End program	程序结束
With	引用机器人名称
End with	结束引用机器人名称
Attach	绑定机器人
Detach	结束绑定

（2）运动指令

运动指令包括了点位之间的运动 MOVE 和 MOVES，以及画圆弧的 CIRCLE 指令。

1）MOVE 指令。

MOVE 指令格式：`MOVE ROBOT P[i]`

P[i]为位置数据，指定运动的目标位置。

MOVE 指令用于选择一个点位之后，当前点机器人位置与选择点之间的任意运动，运动过程中不进行轨迹控制和姿态控制。

2）MOVES 指令。

MOVES 指令格式：`MOVES ROBOT P[i]`

P[i]为位置数据，指定运动的目标位置。

MOVES 指令用于选择一个点位之后，当前点机器人位置与记录点之间的直线运动。

3）CIRCLE 指令。

CIRCLE 指令格式：CIRCLE ROBOT Circlepoint= P[i] Targetpoint= P[i+1]

P[i]和 P[i+1]为位置数据，指定中间点和目标点。

该指令为走圆弧指令，机器人示教圆弧的当前位置与选择的两个点形成一个圆弧，即三点画圆。

（3）I/O 指令

I/O 指令包括 D_IN 指令、D_OUT 指令、WAIT 指令。D_IN、D_OUT 指令可用于给当前 I/O 赋值为 ON 或 OFF，也可用于在 D_IN 和 D_OUT 之间传值；WAIT 指令用于等待一个指定 I/O 信号，可选 D_IN 和 D_OUT。

I/O 指令格式及参数说明见表 6-12。

表 6-12 I/O 指令格式

指令格式	参数说明
D_ IN[value]= ON/OFF	value 为常数
D_ OUT[value]= ON/OFF	value 为常数

如：

```
D_OUT[19]= ON  '真空发生打开（D_OUT 指令给当前 I/O 赋值为 ON，使真空吸盘打开）
D_OUT[20]=OFF  '真空破坏打开
DELAY ROBOT 200
CALL WAIT(D_IN[17],ON)  '真空反馈打开(WAIT 指令用于等待真空反馈信号）
```

（4）延时指令

延时指令包括针对运动指令的 DELAY 指令和针对非运动指令的 SLEEP 指令两种。

2. I/O 配置

本任务中使用气动吸盘来吸取工件，气动吸盘的打开与关闭需通过 I/O 信号控制。

HSR-6 工业机器人控制系统提供了完备的 I/O 通信接口，可以方便地与周边设备进行通信。I/O 配置主要是对这些输入/输出状态进行管理和设置。在工程应用中，可依据现场情况进行设计和编程。

在本任务中，使用 D_OUT[19]、D_OUT[20]、D_IN[17]等 I/O 信号，具体配置见表 6-13。

表 6-13 I/O 状态设置

序号	地址	状态	符号说明	控制指令
1	D_OUT[19]	ON/OFF	真空发生打开/关闭	D_OUT[19]= ON/OFF
2	D_OUT[20]	ON/OFF	真空破坏打开/关闭	D_OUT[20]= ON/OFF
3	D_IN[17]	ON/OFF	真空反馈打开/关闭	D_IN[17]= ON/OFF

要完成搬运程序的示教编程，要经过 4 个步骤，主要包括示教前的准备、示教编程、程序测试，如图 6-40 所示。

运动规划是分层次的，先进行任务规划、动作规划，再进行手部的路径规划。任务规划是将任务分解为一系列子任务；动作规划是将每一个子任务分解为一系列动作；路径规划是将每一个动作分解为手部的运动轨迹。

示教前需要调试好工具和工件，并设定相应的坐标系。示教前还得根据所需要的控制信号配置 I/O 接口信号。

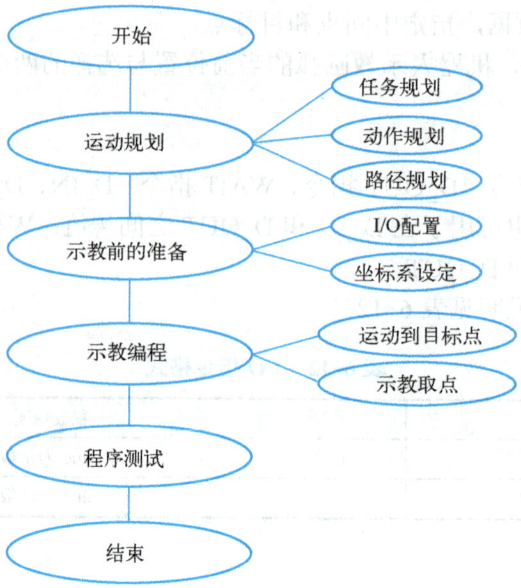

图 6-40 搬运流程图

示教编程时，需使用示教器控制机器人运动到目标点，然后才能示教取点。

程序编好后，必须进行测试。测试完后，才能将程序用于生产搬运。

（1）运动规划

机器人搬运动作可分解成吸取工件、移动工件、放置工件等一系列子任务，子任务还可以进一步分解为“移至工件上方”“直线移至吸取点”“吸取工件”“放置工件”等一系列动作。如图 6-41 所示。

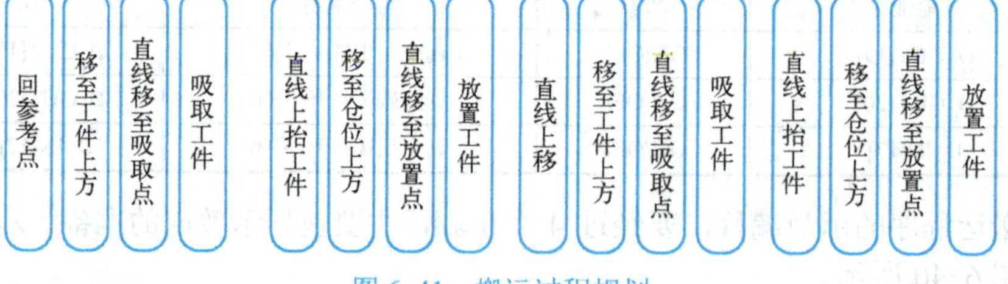

图 6-41 搬运过程规划

（2）示教搬运编程

搬运任务：将码垛操作台上的方形工件 A 和方形工件 B 依次搬运至指定的位置 1 和位置 2 上，然后回到参考点，如图 6-42 和图 6-43 所示。完成一个工件的吸取和放置的运动规划简图如图 6-44 所示。

图 6-42 位置示意图

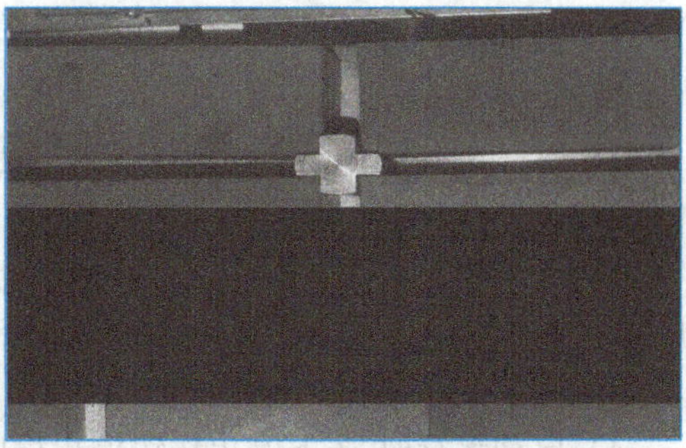

图 6-43 搬运现场

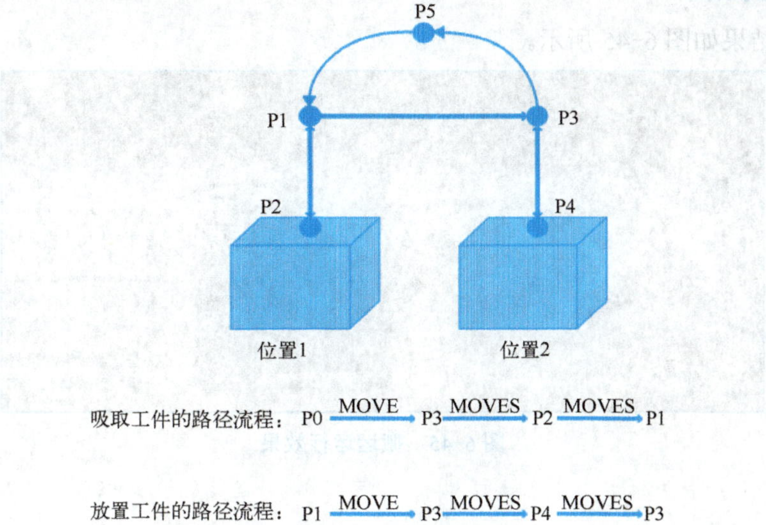

图 6-44 运动轨迹示意图

为使机器人的动作能够进行再现，就必须使用机器人的编程指令，将机器人的运动轨迹和动作记录下来编成程序，即示教编程。利用工业机器人的手动控制功能完成工件的搬运动作，并记录机器人的动作。过程示教同写字程序，不再赘述。

6.5.2 运行搬运程序

本任务主要是对已经示教完成的搬运程序，进行程序测试、自动运行等操作，实现机器人搬运程序的示教再现。

1. 手动运行程序

手动运行程序的步骤如下。

1）选定程序打开后，选择程序运行方式为手动运行，按住安全开关，直到状态栏的使能状态显示为绿色，即使能开的状态。

2）按下启动按钮，安全开关不能松，根据程序的运行方式为单步或连续，程序开始运行。

3）停止时，松开安全开关或用力按下急停开关，或者按下停止按钮。

2. 自动运行程序

自动运行程序的步骤如下。

1）选定程序打开后，将程序运行方式调到自动运行方式（不是外部方式），切换运动方式时会自动设置为连续运行。

2）单击状态栏使能按钮，打开使能按钮，直到状态栏的使能状态变为绿色，即使能开的状态。

3）按下开始按钮，程序开始执行。

4）自动运行时,按下停止按钮停止程序运行。

3. 运行程序结果

程序执行结果如图 6-45 所示。

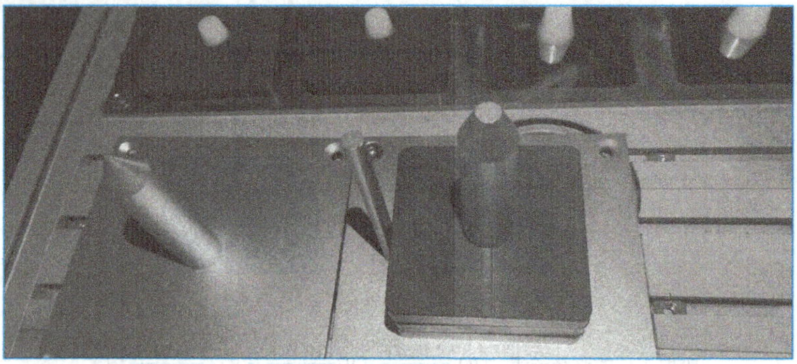

图 6-45　搬运运行效果

知识、技能归纳

该实例为从工作站搭建、搬运 I/O 信号配置、搬运指令设计、编程、调试到最终运行一个完整的搬运应用实例，通过本实例的学习和操作，读者可以认识到如何让工业机器人完成搬运操作。

工程素质培养

① 了解工业机器人搬运工作站布局；

② 学会搬运常用指令；

③ 学会搬运常用 I/O 配置；

④ 学会搬运程序编写；

⑤ 学会程序调试。

第 7 章 机器人码垛操作及仿真

7.1 码垛案例描述

7.1
机器人码垛

随着科技的进步以及现代化进程的加快，人们对搬运速度的要求越来越高，传统的人工搬运只能应用在物料轻便、尺寸和形状变化大、吞吐量小的场合，这已经远远不能满足工业的需求，因此码垛机器人应运而生。本节以如图 7-1 所示码垛机器人为例，需要在此工作站中依次完成 I/O 配置、程序编写及调试，最终完成整个码垛过程。通过本章的学习，使大家学会工业机器人的码垛应用，学会工业机器人码垛程序的编写技巧。

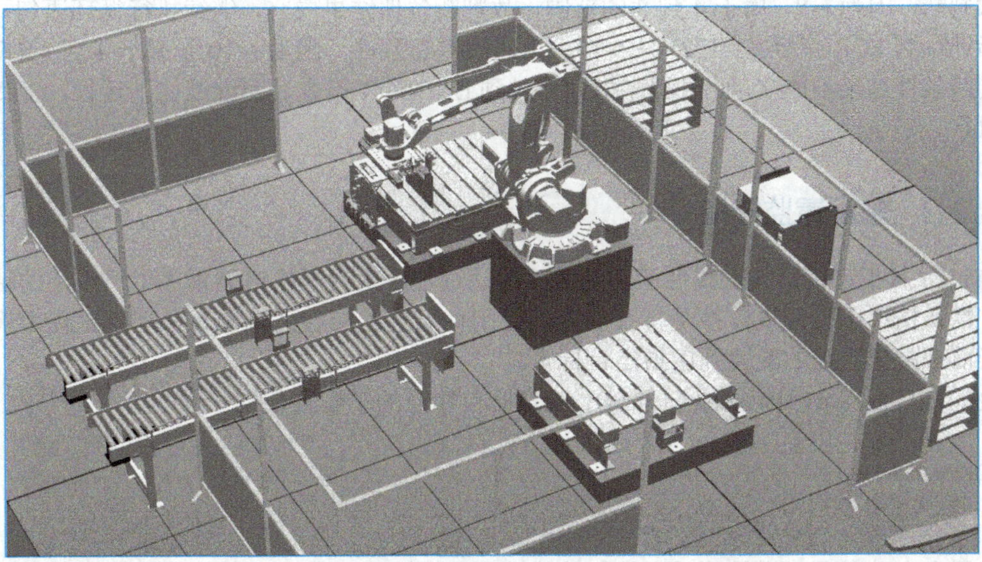

图 7-1　码垛案例

码垛机器人可以代替人在危险、有毒、低温、高热等恶劣环境中工作，完成繁重、单调、重复的劳动，提高劳动生产率，保证产品质量。

7.2 知识准备

7.2.1 FOR 指令

FOR 指令，可实现循环功能，作用是根据条件让某些语句循环执行，在 RAPID 程序中，

FOR 循环语句的语法格式如下：

```
FOR  变量名  FROM  表达式 1  TO  表达式  2  DO
     程序语句;
ENDFOR
```

其中，变量名为计数变量，实现对循环进行计数，语句被执行一次之后变量的值加 1（默认）；表达式 1 的运算结果为计数变量的初始值，表达式 2 的运算结果为计数变量的终止值，当计数变量的值大于表达式 2 的值时循环将结束。

例如：

```
X:=0;
FOR i FROM 4 TO 8 STEP 2 DO
X:=X+i;
ENDFOR
```

初始化 X:=0，然后程序进入 FOR 重复判断执行指令，第一次执行时 i 的值等于 4，执行循环语句，然后程序指针跳到 FOR 指令，i=i+2=4+2=6，进行第二次判断 i 的值是否属于起始值 4 和末端值 8 之间，属于 4～8 范围，执行循环语句；然后程序指针跳到 FOR 指令，i+2=6+2=8，第三次判断，因为 i=8，属于 4 到 8 的范围，故判断条件结果成立，继续执行循环语句；然后程序指针跳到 FOR 指令，i=i+2=8+2=10，第四次判断条件，因为 i=10 不属于 4 到 8 的范围，所以判断条件结果不成立，此时程序指针才跳到 ENDFOR 指令后面继续往下运行，结束 FOR 指令执行。

7.2.2　轴配置监控指令

ConfL：其指定机器人在线性运动及圆弧运动过程中是否严格遵循程序中已设定的轴配置参数。默认情况下轴配置监控是打开的，当关闭轴配置监控后，机器人在运动过程中采取最接近当前轴配置数据的配置到达指定目标点。

例如：目标点 p1 中，数据[1,0,1,0] 就是此目标点的轴配置数据；

```
CONST robtarget p1 :=[[*, *, *],[*,*,*, *],[1,0, 1, 0], [9E9, 9E9, 9E9,
9E9, 9E9, 9E9]];
ConfL \Off;
MoveL p1, v1000, fine,  tool0;
```

机器人自动匹配一组最接近当前各关节轴姿态的轴配置数据移动至目标点 p1，到达 p10 点时，轴配置数据不一定为程序中指定的[1,0, 1,0]，在某些应用要求较高的情况下，一般通过添加中间过渡点，若对轴配置要求不高，则可通过指令 ConfL\Off 关闭轴监控，使机器人自动匹配可行的轴配置来到达指定目标点。

7.2.3　计时指令

在机器人运动过程中，经常会用到计时功能来计算当前机器人的运行节拍，并通过写屏指令显示相关信息。

这里我们以一个计时案例来学习关于计时并显示计时信息的综合运用。

```
VAR clock clock1;
!定义时钟数据 clock1。
```

```
VAR num CycleTime;
!定义数字型数据 CycleTime，用于存储时间数值。
ClkReset clock1;
!时钟复位。
ClkStart clock1;
!开始计时。
!机器人运动指令等。
ClkStop clock1;
!停止计时。
CycleTime : =ClkRead (clock1);
!读取时钟当前数值，并赋值给 CycleTime。
TP Erase;
!清屏。
TPWhrite"Time is ' \Num:= CycleTime;
!写屏，在示教器屏幕上显示节拍信息，假设当前数值 CycleTime 为 10，则示教器屏幕上最终显示信息为“Time is 10”。
```

7.2.4 动作触发指令

TriggL：线性运动过程中，在指定位置准确触发事件（如置位输出信号、激活中断等）。我们可以定义多种类型的触发事件，如 Trigg10（触发信号）、TriggEquip（触发装置动作）、TriggInt（触发中断）等。

这里以触发装置动作类型为例，在准确的位置触发机器人夹具的动作，通常采用此种类型的触发事件。

```
VAR triggdata GripOpen;
!定义触发数据 GripOpen
TriggEquip GripOpen, 10, 0.1 \DOp: =doGripOn, 1;
!定义触发事件 GripOpen，在距离指定目标点前 10mm 处，并提前 0.1s（用于抵销设备动作延迟时间）触发指定事件：将数字输出信号 doGripOn 置为 1。
TriggL p1, v500, GripOpen, z50, tGripper;
!执行 TriggL，调用触发事件 GripOpen，即机器人 TCP 在朝 P1 点运动过程中，在距离 P1 点前 10mm 处，并且再提前 0.1s 将 doGripOn 置为 1。
```

例如，为提高节拍时间，在控制吸盘夹具动作过程中，吸取产品时需要提前打开真空，在放置产品时需要提前释放真空，为了能够准确地触发吸盘夹具的动作，通常采用 Trigg 指令来对其进行控制。

7.2.5 数组的应用

在定义程序数据时，可以将同种类型、同种用途的数值存放在同一个数据中，当我们调用该数据时需要写明索引号来指定我们调用的是该数据中的哪个数值，这就是数组。在 RAPID 中可以定义一维数组、二维数组以及三维数组。

例如：

```
一维数组：
VAR num ruml{3}:=[3, 6, 9];
!定义一维数组 num1。
num2: =ruml {2};
!num2 被赋值为 6;
二维数组：
VAR num numl {3, 4}:=[[1,2,3,4] [5,6,7,8] [9, 10,11,12]];
```

```
! 定义二维数组 num1;
num2:=num1 {2,3};
!num2 被赋值为 7;
```

在程序编写过程中，当需要调用大量的同种类型、同种用处的数据时，在创建数据时可以利用数组来存放这些数据，这样便于在编程过程中对其进行灵活调用，甚至在大量 I/O 信号调用过程中，我们也可以先将 I/O 进行别名的操作，即将 I/O 信号与信号数据关联起来，之后将这些信号数据定义为数组类型，在程序编写中便于对同类型、同用处的信号进行调用。

7.2.6 中断程序

在程序执行过程中，如果发生需要紧急处理的情况，就要中断当前程序的执行，马上跳转到专门的程序中对紧急情况进行相应处理，处理结束后返回至中断的地方继续执行程序。专门用来处理紧急情况的程序称作中断程序。

例如：

```
VAR intnum intno1;
!定义中断数据 intno1;
IDelete intno1;
!取消当前中断符 intno1 的连接，预防误触发。
CONNECT intno1 WITH tTrap;
!将中断符与中断程序 tTrap 连接。
ISignalDI di1,1,intno1;
!定义触发条件，即当数字输入信号 di1 为 1 时，触发该中断程序。
TRAP tTrap reg1 :=reg1+1;
ENDTRAP
```

我们不需要在程序中对该中断程序进行调用，定义触发条件的语句一般放在初始化程序中，当程序运行完该定义触发条件的语句后，则进入中断监控。在本例中，当数字输入信号 di1 变为 1 时，则机器人立即执行 tTrap 中的程序，运行完成之后，指针返回至触发该中断的程序位置继续往下执行。

7.3 任务实施

7.3.1 工作站解包

1）双击工作站打包文件 maduoTest.rspag，如图 7-2 所示。

图 7-2 选择待解包的文件

2）一直单击“下一步”按钮，等待解包完成，如图 7-3 所示。

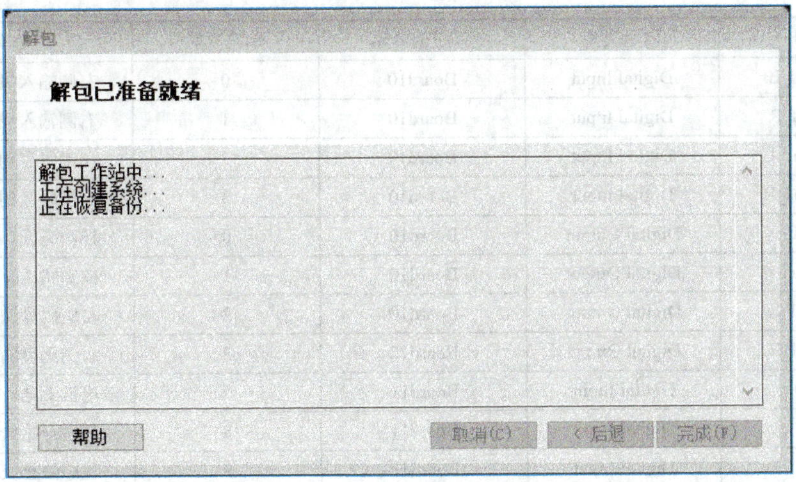

图 7-3　等待解包

3）解包完成后，单击“关闭”按钮，进入工作站，如图 7-4 所示。

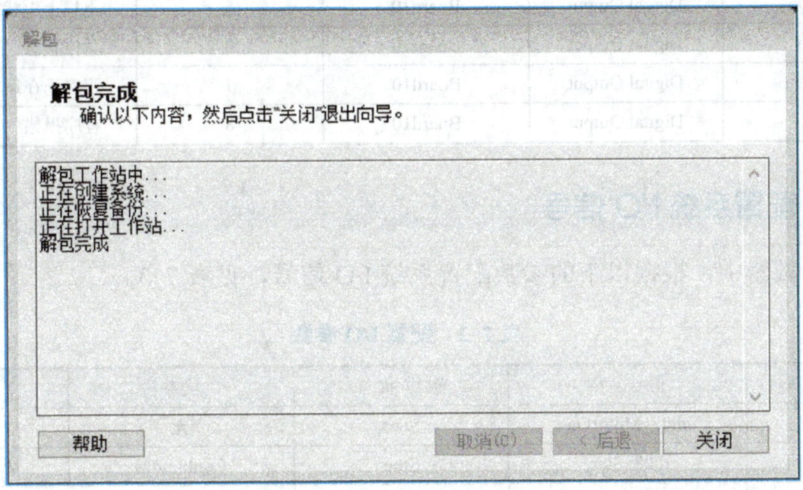

图 7-4　解包完成

7.3.2　配置 I/O 单元

在虚拟示教器中，根据以下的参数配置 I/O 单元，见表 7-1。

表 7-1　配置 I/O 单元

名称	单元类型	连线至总线	设备通信地址
Board10	D652	DeviceNet1	10

7.3.3　配置 I/O 信号

在虚拟示教器中，根据以下的参数配置 I/O 信号，见表 7-2。

表 7-2 配置 I/O 信号

名称	信号类型	分配至单元	单元映射	I/O 信号注解
di00_BoxInPos_L	Digital Input	Board10	0	左侧输入线产品到位
di01_BoxInPos_R	Digital Input	Board10	1	右侧输入线产品到位
di02_PalletInPos_L	Digital Input	Board10	2	左侧码盘到位信号
di03_PalletInPos_R	Digital Input	Board10	3	右侧码盘到位信号
do00_ClampAct	Digital Output	Board10	0	控制夹板
do01_HookAct	Digital Output	Board10	1	控制钩爪
do02_PalletFull_L	Digital Output	Board10	2	左侧码盘满载信号
do03_PalletFull_R	Digital Output	Board10	3	右侧码盘满载信号
di07_MotorOn	Digital Input	Board11	7	电机上电
di08_Start	Digital Input	Board11	8	程序开始执行
di09_Stop	Digital Input	Board11	9	程序停止执行
di10_StartAtMain	Digital Input	Board10	10	从主程序开始执行
di11_EstopReset	Digital Input	Board10	11	急停复位
do05_AutoOn	Digital Output	Board10	5	电机上电状态
do06_Estop	Digital Output	Board10	6	急停状态
do07_CycleOn	Digital Output	Board10	7	程序正在运行
do08_Error	Digital Output	Board10	8	程序报错

7.3.4 配置系统 I/O 信号

在虚拟示教器中，根据以下的参数配置系统 I/O 信号，见表 7-3。

表 7-3 配置 I/O 参数

类型	信号名称	动作/状态	实参	注释
System Input	di07_MotorOn	Start	无	电机上电
System Input	di08_Start	Stop	Continuous	程序开始执行
System Input	di09_Stop	StartMain	无	程序停止执行
System Input	di10_StartAtMain	ResetEstop	Continuous	主程序开始执行
System Input	di11_EstopReset	MotorOn	无	急停复位
System Output	do05_AutoOn	Auto On	无	电机上电状态
System Output	do06_Estop	Emergency Stop	无	急停状态
System Output	do07_CycleOn	Cycle On	无	程序正在运行
System Output	do08_Error	ExecutI/On	T_ROB1	程序报错

7.3.5 程序注解

本工作站要实现采用 IRB460 机器人完成双工位码垛任务，即两条产品出入线、两个产品输出位。在熟悉了此 RAPID 程序后，可以根据实际的需要在此程序的基础上做适用性的修改，以满足实际逻辑与动作的控制。

以下为部分实现机器人逻辑和动作控制的 RAPID 程序。完整程序见本书配套资源。

```
MODULE MainMoudle
    PERS wobjdata WobjPallet_L:=[FALSE,TRUE,"",[[-456.216,-2058.49,-233.373],
                    [1,0,0,0]],[[0,0,0],[1,0,0,0]]];
    !定义左侧码盘工件坐标系 WobjPallet_L
    PERS wobjdata WobjPallet_R:=[FALSE,TRUE,"",[[-421.764,1102.39,-233.373],
                    [1,0,0,0]],[[0,0,0],[1,0,0,0]]];
    !定义左侧码盘工件坐标系 WobjPallet_R
    PERS  tooldata  tGripper:=[TRUE,[[0,0,527],[1,0,0,0]],[20,[0,0,150],
[1,0,0,0],0,0,0]];
    !定义工具坐标系数据 tGripper
    PERS loaddata LoadFull:=[20,[0,0,300],[1,0,0,0],0,0,0.1];
    !定义有效载荷数据 LoadFull
    PERS wobjdata CurWobj;
    !定义工件坐标系数据 CurWobj，此工件坐标系作为当前使用坐标系。即当在左侧码垛时，
将左侧码盘坐标系 WobjPallet_L 赋值给该数据，当在右侧堆垛时，则将 WobjPallet_R 赋值给该数据
    PERS  jointtarget  jposHome:=[[0,0,0,0,0,0],[9E+09,9E+09,9E+09,9E+09,
9E+09,9E+09]];
    !定义关节目标点数据，各关节轴数值为 0，用于手动将机器人运动至各关节轴机械零位
    CONST  robtarget  pPlaceBase0_L:=[[*,*,*],[*,*,*,*],[-2,0,-3,0],[9E9,
9E9,9E9,9E9,9E9,9E9]];
    CONST robtarget pPlaceBase90_L:=[[*,*,*],[*,*,*,*],[-2,0,-2,0],[9E9,
9E9,9E9,9E9,9E9,9E9]];
    CONST robtarget pPlaceBase0_R:=[ [*,*,*],[*,*,*,*],[1,0,0,0],[9E9,9E9,
9E9,9E9,9E9,9E9]];
    CONST robtarget pPlaceBase90_R:=[ [*,*,*],[*,*,*,*],[1,0,1,0],[9E9,
9E9,9E9,9E9,9E9,9E9]];
    CONST robtarget pPick_L:=[ [*,*,*],[*,*,*,*],[-1,0,-2,0],[9E9,9E9,9E9,
9E9,9E9,9E9]];
    CONST robtarget pPick_R:=[ [*,*,*],[*,*,*,*],[0,0,-1,0],[9E9,9E9,9E9,
9E9,9E9,9E9]];
    CONST robtarget pHome:=[ [*,*,*],[*,*,*,*],[0,0,-2,0],[9E9,9E9,9E9,
9E9,9E9,9E9]];
```

位置点	说明
pPlaceBase0_L	左侧不旋转放置基准位置
pPlaceBase90_L	左侧旋转 90° 放置基准位置
pPlaceBase0_R	右侧不旋转放置基准位置
pPlaceBase90_R	右侧旋转 90° 放置基准位置
pPick_L	左侧抓取位置
pPick_R	右侧抓取位置
pHome	程序起始点，即 HOME 点

```
    PERS robtarget pPlaceBase0;
    PERS robtarget pPlaceBase90;
    PERS robtarget pPick;
    PERS robtarget pPlace;
    !定义目标点数据，这些数据是机器人当前使用目标点，当在左侧、右侧码垛时，将对应的左侧、
右侧的基准目标点赋值给这些数据
    PERS robtarget pPickSafe;
    !机器人将产品抓取后需提升至一定的安全高度，才能向码垛位置移动，随着摆放位置逐层加高，
此数据在程序中会被赋予不同的数值，以防止机器人与码放好的产品发生碰撞
    PERS num nCycleTime:=4.165;
    !定义数字型数据，用于存储单次节拍时间
```

```
PERS num nCount_L:=1;
PERS num nCount_R:=1;
!定义数字型数据，分别用于左侧、右侧堆垛计数，在计算位置子程序中根据该计数从而计算出相应的放置位置
PERS num nPallet:=1;
!定义数字型数据，利用 TEST 指令判断此数值，从而决定执行哪侧的码垛任务，1 为左侧，2 为右侧
PERS num nPalletNo:=1;
!定义数字型数据，利用 TEST 指令判断此数值，从而决定执行哪侧码垛计数累计，1 为左侧，2 为右侧
PERS num nPickH:=300;
PERS num nPlaceH:=400;
!定义数字型数据，分别对应的是抓取、放置时的一个安全高度，例如 nPickH：=300，则表示机器人快速移动至抓取位置上方 300mm 处，然后慢速移动至抓取位置，之后慢速将产品提升至抓取位置上方 300mm 处，再快速移动至其他位置；
PERS num nBoxL:=605;
PERS num nBoxW:=405;
PERS num nBoxH:=300;
!定义三个数字型数据，分别对应的是产品的长宽高，在计算位置程序中通过在放置基准点上面叠加长宽高数值，从而计算出放置位置
VAR clock Timer1;
!定义时钟数据，用于计时
PERS bool bReady:=FALSE;
!定义布尔量数据，作为主程序逻辑判断条件，当左右两侧有任何一侧满足码垛条件，此布尔量为 TRUE,即机器人会执行堆垛任务，否则该布尔量为 FALSE，机器人会等待直至条件满足
PERS bool bPallet_L:=FALSE;
PERS bool bPallet_R:= FALSE;
!定义两个布尔量数据，当机器人在左侧码垛时则 bPallet_L 为 TRUE，bPallet_R 为 FALSE，当机器人在右侧码垛时则相反
PERS bool bPalletFull_L:= FALSE;
PERS bool bPalletFull_R:= FALSE;
!定义两个布尔量数据，分别对应的是左侧、右侧码盘是否已满载
PERS bool bGetPositI/On:=FALSE;
!定义两个布尔量数据，判断是否已计算出当前取放位置
VAR triggdata HookAct;
VAR triggdata HookOff;
!定义两个触发数据，分别对应的是夹具上面钩爪收紧及松开动作
VAR intnum iPallet_L;
VAR intnum iPallet_R;
!定义两个中断符，对应左侧、右侧码盘更换时所需触发相应的复位操作，如满载信号复位等
PERS speeddata vMinEmpty:=[2000,400,6000,1000];
PERS speeddata vMidEmpty:=[3000,400,6000,1000];
PERS speeddata vMaxEmpty:=[5000,500,6000,1000];
PERS speeddata vMinLoad:=[1000,200,6000,1000];
PERS speeddata vMidLoad:=[2500,500,6000,1000];
PERS speeddata vMaxLoad:=[4000,500,6000,1000];
!定义多种速度数据，分别对应空载时高、中、低速，以及满载时的高、中、低速，便于对机器人的各个动作进行速度控制
```

7.4 相关知识

7.4.1 I/O 信号别名操作

在实际应用中我们可以将 I/O 信号进行别名处理，即将 I/O 信号与信号数据作关联，在程

序应用过程中直接对信号数据作处理。

例如：

```
VAR signaldo a_do1;
  !定义一个 signaldo 数据；
PROC InitAll()
   AliasI/O do1, a_do1;
  !将真实 I/O 信号 do1 与信号数据 a_do1 作别名关联；
ENDPROC

PROC rMove()
  Set a_do1;
  !在程序中即可直接对 a_do1 进行操作；
ENDPROC
```

在实际应用过程中，I/O 信号别名处理常见的应用如下。

1）有一个典型的程序模版，可以应用到各种类似的项目中去。由于各个工作站中的 I/O 信号名称可能不一致，这样在程序模板中全部调用信号数据，在应对某一项目时，只需将程序中的信号数据与该项目中机器人的实际 I/O 信号作别名关联，则无需再更改程序中关于信号的语句。

2）真实的 I/O 信号是不能用作数组的，我们可以将 I/O 信号进行别名处理，将对应的信号数据定义为数组类型，这样便于程序编写。

例如：

```
VAR signaldi diInPos{4};
PROC InitAll()
    AliasI/O diInPos_1, diInPos{1};
    AliasI/O diInPos_2, diInPos{2};
    AliasI/O diInPos_3, diInPos{3};
    AliasI/O diInPos_4, diInPos{4};
ENDPROC
```

则在程序中我们可以直接对信号数据 diInPos{}进行处理。

7.4.2 码垛节拍优化技巧

在码垛过程中，我们最为关注的是每一个运行周期的节拍，在码垛程序中通常可以在以下几个方面进行节拍的优化。

1）机器人运行过程中，经常会有一些中间过渡点，即在该位置机器人不会具体触发事件，例如拾取和放置位置正上方的位置点、绕开障碍物而设置的一些位置点，在运动至这些位置点时应将转弯半径设置得相对大一些，这样可以减少机器人在转弯的速度衰减，同时也可使机器人运行轨迹更加圆滑。

2）善于运用 Trigg 触发指令，即要求机器人在准确的位置触发事件，例如真空夹具的提前开真空、提前释放真空，带钩爪夹具对应钩爪的控制均可采用触发指令，这样能够保证在机器人速度不衰减的情况下在准确的位置触发相应的事件。

3）程序中尽量少使用 Waittime 固定等待时间指令，可在夹具上面添设反馈信号，利用 WaitDI 指令，等到条件满足则立即执行。例如，夹取产品时，一般预留夹具动作时间，若用固定的等待时间 Waittime 指令，则不容易控制，设置等待时间过长则降低节拍，过短则可能夹具未运动到位，此时可利用 WaitDI 指令监控夹具到位反馈信号，则可便于对夹具动作的监控及控制。在置位夹具动作时建议在夹具端配置动作到位检测开关，之后利用 WaitDI 指令监控夹具动作到位信号。

4）在某些运行轨迹中，机器人的运行速度设置得大一些则容易触发过载报警。在整体满足机器人载荷能力要求的前提下，此种情况多是由于未正确设置夹具重量和重心偏移所致，此时需要重新设置该项数据，若夹具或产品形状复杂，可调用例行程序 LoadIdentify，让机器人自动测算重量和重心偏移；同时也可利用 AccSet 指令来修改机器人的加速度，在易触发过载报警的轨迹之前利用该指令降低加速度，过后再增大加速度。

5）在运行轨迹中我们通常会添加一些中间过渡点以保证机器人能够绕开障碍物，中间过渡点的选取应该在保证轨迹安全的前提下尽量减少，删除没有必要的过渡点，这样机器人的速度才可能尽量高，如果两个目标点离的较近，则机器人还未加速至指令中所写速度，则就开始减速，这种情况下机器人指令中写的速度再大，也不会明显提高机器人的实际运行速度。

7.5 华数机器人码垛操作

本任务通过码垛算法，利用 HSR-6 工业机器人实现立体仓库取料和码垛任务。通过码垛程序的设计与调试，实现项目从任务分析、运动规划、路径规划到编程调试的过程。

通过本项目的学习，使学生学会码垛算法，通过码垛算法实现工业机器人具体码垛任务，最终完成整个码垛过程。

7.5.1 码垛算法介绍

本节介绍实现码垛程序的算法。如图 7-5 所示，要完成依次从仓库中取料后放置余料盒这个动作，使用一般的搬运方法编程需要示教的点位很多，步骤烦琐。该项目将通过算法编制程序，只示教较少的点就能完成任务。

图 7-5 码垛算法示意图

1. 单排取料示教编程及计算方式

如图 7-6 所示，相邻仓位中心点的距离相同，均为 60mm。如果已知所求仓位号为 *a*，就可以根据各仓位中心点之间距离 60mm，得到仓位号 *a* 与第 0 个仓位之间的距离为 60*a*mm，这样只示教第 0 点，然后依次改变 *a* 的值，每次都对仓库相应坐标方向增加一个 60*a*mm 的增量，就可得到其余点位的坐标，无须示教多个点。

如已知仓位 0 的坐标值为 LR[101](X0,Y0,Z0,A0,B0,C0),可根据仓位 0 的坐标得到仓位 4 的坐标为 LR[104]=LR[101]+#{4*60,0,0,0,0,0}（仓位 0 正上方的坐标值直接修改 Z 轴 Z0 坐标值即可）。

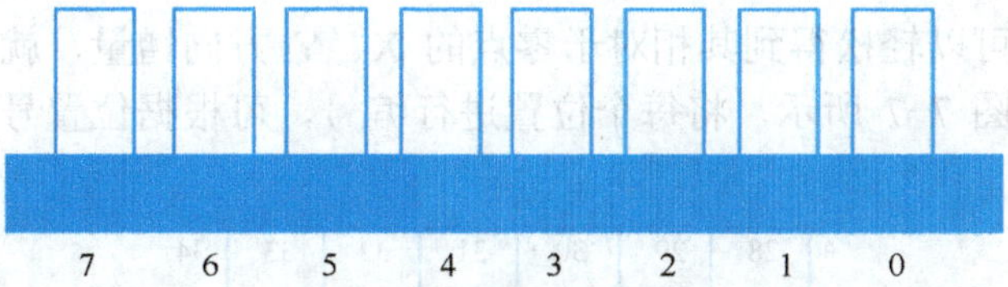

图 7-6 码垛位置示意图

从仓库取料后放置余料盒示教编程实现如下。

```
'(ADD YOUR COMMON/COMMON SHARED VARIABLE HERE)全局变量在此行下添加
PROGRAM                                  '程序开始
'(ADD YOUR DIM VARIABLE HERE) 局部变量在此行下添加
WITH ROBOT                               '选择机器人组
ATTACH ROBOT                             '绑定机器人
ATTACH EXT_AXES                          '绑定外部轴
WHILE TRUE                               '无条件循环
'(WRITE YOUR CODE HERE)                   程序在此行下添加
IR[2]= 0                                 '循环变量初始化
WHILE iR[2]< 8          '循环条件，矩形取料位共有 8 个，当编号从 0 依次加 1，加到 7，动作
完成后循环停止，取料完成。
    MOVE ROBOT P3                        '取料预备位置(过渡点)
    MOVE ROBOT LR[101]+ # {IR[2]*60,0,50,0,0,0}
    '取料位上方，通过循环变量依次在 X 方向加 1 并乘以仓位的间距，依次到达取料位置上方，
LR[101]存储 P0 点坐标
    MOVES ROBOT LR[101]+ # {IR[2]*60,0,0,0,0,0}
    '取料位，通过循环变量依次在 X 方向加 1 并乘以仓位的间距，依次到达取料位置
    DELAY ROBOT 100
    D_OUT[19]= ON                        '真空发生开启
    CALL WAIT(D_IN[17],ON)               '开启真空反馈
    MOVES ROBOT LR[101]+ #{IR[2]*60, 0,50,0,0,0}  '取料位上方
    MOVE ROBOT P3                        '取料预备位置(过渡点)
    MOVE ROBOT P1                        '放置物料预备位置(过渡点)
    MOVE ROBOT P2                        '放置物料位
    DELAY ROBOT 100
    D_OUT[19] = OFF                      '真空发生关闭
    CALL WAIT(D_IN[17],OFF)              '关闭真空反馈
    MOVE ROBOT P2                        '放置物料位
SLEEP 100                                '循环变量依次加 1
1R[2]= IR[2]+1
END WHILE
MOVE ROBOT JR[1]                         '回原点
SLEEP 100                                '延时 100ms，CPU 休眠
END WHILE                                '循环结束
DETACH ROBOT                             '解除机器人绑定
DETACH EXT_AXES                          '解除外部轴绑定
END WITH                                 '结束机器人组选择
END PROGRAM                              '程序结束
```

2. 多排码垛示教编程及计算方式

进行多排码垛时，对每个码垛位置进行取点示教太过烦琐,但是若得知某一点位于第几行第几列以及两码垛位之间的距离，就可以轻松通过其行号及列号计算出其以第 0 点为基准的位置坐标。

如果我们设计好码垛的垛型，并对其进行从 0 到 n 的编号（称其为位置号，注意位置号必须从 0 开始），将位置号存储到寄存器里，根据位置号再得到其位于我们设计好码垛垛型

的第几排第几列，就可以轻松得到其相对于零点的 X、Y 方向增量，就解决了需要示教很多码垛位置的困难。如图 7-7 所示，将每个位置进行编号，可根据位置号得到每个位置号所在排号和列号。

4	28	29	30	31	32	33	34
3	21	22	23	24	25	26	27
2	14	15	16	17	18	19	20
1	7	8	9	10	11	12	13
	0	1	2	3	4	5	6

图 7-7 码垛坐标

以位置号 15 为例，图 7-7 所示的码垛方式一行有 7 个码垛位置，将位置号 15 存入 IR[1] 寄存器，寄存器 IR[2]、IR[3]分别存其行号和列号。于是:1R[2]=IR[1]/7，IR 为整数寄存器，IR[1]/7 得到的结果为小数的整数部分，得 15 号位于第 2 行，IR[3]=IR[1]−IR[2]*7，求得 15 号仓位位于第 1 列。

3. 多层码垛示教编程及计算方式

图 7-8 所示为多层码垛，位置编号为 0～7，根据其编号,得到其层数、行号、列号的算法如下。

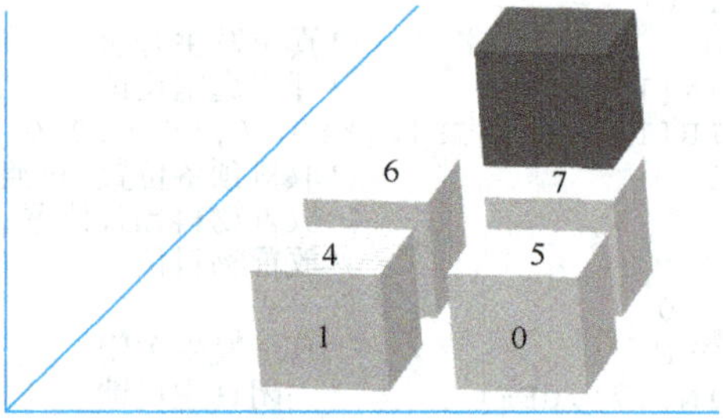

图 7-8 多层码垛

以位置号 7 为例，首先将第 1 层的 4 个码垛位置减掉，然后剩余的 3 个按照之前的多排方式算法处理就可以得到行号和列号。

将位置号 7 存入 IR[1]寄存器，IR[2]存储其层号，IR[5]存储其层位置号,IR[3]寄存其行号，IR[4]寄存其列号，于是有

```
IR[2]=IR[1]/4            '用 7 除以 4 得到的整数作为其层号（从零开始）
IR[5]=IR[1]-IR[2]*4      'IR[5]保存其层位置号
IR[2]=IR[5]/2            'IR[2]为其行号
IR[3]=IR[5]-IR[2]*2      'IR[2]为其列号
```

7.5.2 示教码垛程序

本任务通过具体案例说明多排多层码垛算法的应用，通过码垛程序的示教编程，使学生理解机器人码垛算法及相关指令；同时使学生学会任务分析、运动规划、路径规划的方法；掌握码垛算法程序，最终完成整个码垛。

1. 码垛相关编程指令和 I/O 设置

（1）运动指令

```
运动指令(MOVE 和 MOVES)格式
        MOVE(MOVES)  ROBOT  P[i]
```

P[i]——位置数据，指定运动的目标位置。

（2）I/O 指令

```
I/O(D_IN、D_OUT、WAIT)指令格式
     D_IN[Value]= ON/OFF                'Value,常数
     Call Wait(D_IN[17],ON)
```

Call——流程指令中的子程序跳转调用指令，用于在主程序中添加子程序，关系到程序执行流程。

（3）延时指令

```
延时(DELAY)指令格式
        Delay ROBOT Value
```

Value——常数或寄存器。

（4）寄存器指令

在示教程序中实现循环与条件判断时，需要一个能够寄存整数的寄存器来充当变量的作用（IR 寄存器），其中 IR[]寄存器常见语法与表达式如下。

```
IR[1]= IR[2]+ IR[3]        '减乘除同理
IR[1]= IR[1]+ 1
IR[1]= ABS(-1)             '取绝对值
IR[2]= IR[1] MOD 5         'MOD 为取余，如 6 MOD 5=1(注意:MOD 两端需要添加空格)
```

以上为 IR 寄存器常见表达式，其中有些运算得到的值为浮点值需要存在 DR 寄存器里，如

```
DR[1]= SIN(PI/2)           'cos.tan 同理,其中括号内为弧度值
DR[1]= SQRT(100)           '开方
```

（5）手动指令

有些复杂程序命令行不能直接添加相对应的指令直接输入，这时就要用到手动输入指令，手动输入需要的命令行内容，如

```
Move ROBOT LR[9]+ # {0,IR[6]*30, 0,0,0,0}
```

（6）I/O 设置

码垛示教所需的 I/O 设置见表 7-4。

表 7-4　码垛 I/O 设置

序号	地址	状态	符号说明	控制指令
1	D_OUT[19]	ON/OFF	真空发生打开/关闭	D_OUT[19]= ON/OFF
2	D_OUT[20]	ON/OFF	真空破坏打开/关闭	D_OUT[20]= ON/OFF
3	D_IN[17]	ON/OFF	打开真空反馈/关闭真空反馈	D_IN[17]= ON/OFF

2. 示教码垛编程

本项目的码垛任务是依次从仓库中取 8 个矩形工件，在码垛操作台上进行多排多层码垛

操作，垛型如图 7-9 所示，然后回到参考点。

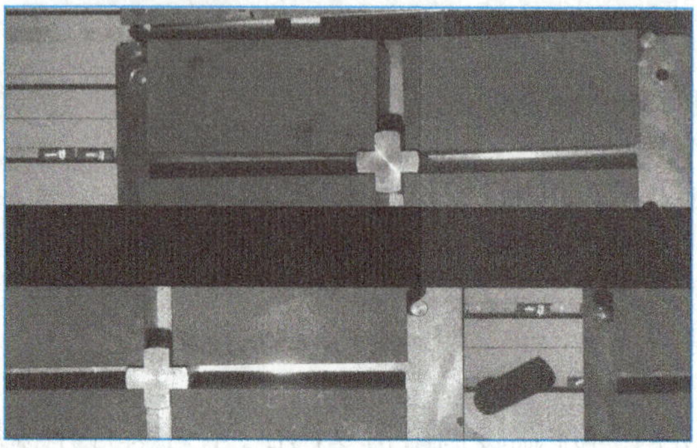

图 7-9　码垛效果图

为使工业机器人的动作能够再现，就必须使用机器人的编程指令，将机器人的运动轨迹和动作编成程序，即示教编程。利用工业机器人的手动控制功能完成工件的码垛动作,并记录机器人的动作，通过码垛算法，吸取工件的位点和放置工件的位点都只需要示教一个即可，其余工件位点均可通过算法计算出来。

知识、技能归纳

该实例涉及从工作站解包，码垛 I/O 信号配置，码垛程序的创建、编程、调试到最终运行一个完整的码垛应用，通过该案例的学习和操作，读者可以对工业机器人实现码垛应用有一个深刻的认识。

工程素质培养

① 了解工业机器人码垛工作站布局；
② 学会码垛常用 I/O 配置；
③ 学会码垛常用指令；
④ 学会程序调试；
⑤ 学会码垛程序编写。

第 8 章 机器人焊接操作及仿真

8.1 弧焊案例描述

本章工作站以弧焊为例，如图 8-1 所示，利用 IRB2600 机器人弧焊工件，大家需要在此工作站中依次完成 I/O 配置、程序数据创建、目标点示教、程序编写及调试，最终完成整个弧焊过程。通过本章的学习，使大家学会工业机器人的弧焊应用，学会工业机器人弧焊程序的编写技巧。

8.1
焊接操作

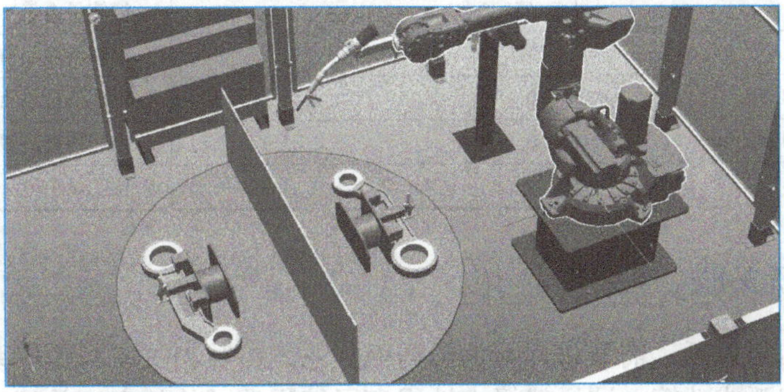

图 8-1 弧焊工作站

8.2 知识准备

8.2.1 基本焊接信号

基本焊接信号配置见表 8-1。

表 8-1 基本焊接信号配置

参数名称	参数注释
aoWeldRef	焊接电压控制模拟信号
aoFeedRef	焊接电压控制模拟信号
doWeldOn	起弧信号
doFeedOn	送丝信号
doGasOn	打开保护气信号
doArcEst	起弧检测信号

8.2.2 模拟量

基本焊接信号模拟量配置见表 8-2。

表 8-2 模拟量配置

参数名称	值	参数注释
Name	aoWeldRef	命名
Type of Signal	Analog Output	信号类型为模拟输出
Assigned to Device	d651	绑定 DSQC651 板卡
Device Mapping	16-31	地址
Analog Encoding Type	Unsigned	无符号型
Maximum Logical Value	40.2	逻辑值最大值
Maximum Physical Value	10	物理值最大值
Maximum Physical Value Limit	10	物理值最大限值
Maximum Bit Value	65535	位值最大值
Minimum Logical Value	12	逻辑值最小值
Minimum Physical Value	0	物理值最小值
Minimum Physical Value Limit	0	物理值最小限值
Minimum Bit Value	0	位值最小值

8.2.3 系统关联

设定好焊接信号以后，需要将焊接信号与弧焊系统参数相关联。弧焊系统会自动处理关联好的信号，如起弧成功等，这样就极大地提高了编程调试的效率，并且系统在处理这些信号的时间控制上也更精准，焊接效果也更好。

在示教器的控制面板 Process 页进行系统关联配置，见表 8-3。

表 8-3 Process 配置

	参数名称	参数注释	I/O 信号
弧焊设备模拟量输出（Arc Equipment Analogue Outputs）	VoltRefence	电压参考模拟量	anWeldRef
	CurrentReference	电流参考模拟量	anFeedRef
弧焊设备数字量输出（Arc Equipment Digital Outputs）	GasOn	气体打开参数	doGasOn
	WeldOn	起弧参数	doWeldOn
	FeedOn	送丝参数	doFeedOn
弧焊设备数字量输入（Arc Equipment Digital Inputs）	ArcEst	起弧检测参数	diArcEst

8.2.4 常用弧焊指令

（1）ArcLStart：直线焊接起弧移动指令

ArcLStart 用于直线焊缝的焊接开始，工具中心点开始向指定目标位置移动，整个焊接过程通过参数监控和控制。

例如：

```
MoveJ Offs(p10, 0,0, 100),v1000,z50,Tool1;
ArcLStart p10, v1000,seam1, weld1, fine, TpoL1;
```

机器人使用移动指令 MoveJ 至 p10 上方点位，再精确移动至 p10 点，在移动过程中不起弧，等机器人精确到达 p10 之后机器人才起弧，即机器人精确的起弧点是 p10，而不是在其他地方起弧。

（2）ArcLEnd：直线焊接结束（收弧）移动指令

ArcLEnd 用于直线焊缝的焊接停止，机器人工具中心点 TCP 移动到指定目标点位置，整个过程通过参数监控和控制。

例如：

```
ArcLEnd p20, v1000,  seam1,  weld1,  fine,  tool1;
MoveL Offs (p20,  0,  0,  100), v1000,  z50,  tool1;
```

机器人使用直线焊接结束移动指令 ArcLEnd 移动至 p20，在精确到达 p20 点位置后，机器人才收弧，而在整个移动过程中机器人正常焊接。收弧后机器人移动到偏移 p20 正上方 100mm 处。

（3）ArcL：直线焊接移动指令

ArcL 用于直线焊缝的焊接，工具中心点线性移动到指定目标位置，焊接过程通过参数控制。如果焊缝比焊丝直径大，则可以使用摆弧参数 weavedata。

（4）ArcCStart：圆弧焊接开始移动指令

ArcCStart 用于圆弧焊缝的焊接开始，工具中心点开始向指定目标位置移动，整个焊接过程通过参数监控和控制。

（5）ArcCEnd：圆弧焊接结束（收弧）移动指令

ArcCEnd 是机器人圆弧焊接收弧移动指令，机器人精确到达收弧点位后才收弧，不是圆弧的起点或者曲率点时候就收弧。

（6）ArcC：圆弧焊接移动指令

ArcC 用于圆弧焊缝的焊接，工具中心点圆周移动到指定目标位置，焊接过程通过参数控制。如果焊接的焊缝比焊丝直径大，那么可以考虑使用摆弧参数 weavedata。

8.2.5　常用弧焊参数

焊接过程与普通的机器人运动过程所不同的是，焊接过程是在机器人运动基础上增加了对焊接电源的控制，而这些控制是通过弧焊参数进行设置，然后机器人弧焊系统会自动根据不同的参数通过系统关联的焊接信号起作用。常见类型有 Seamdata、Welddata、Weavedata。

例如 Arcl p1,v100,seam1,weld1\weave1,z50,torch。

Seamdata 类型参数见表 8-4。

表 8-4　Seamdata 类型参数

参数名称	类型	单位	参数注释
Purge_time	num	s	焊接开始时，清理枪管中空气的时间
Preflow_time	num	s	预送气时间
Postflow_time	num	s	尾送气时间

Welddata 类型参数见表 8-5。

表 8-5　Welddata 类型参数

参数名称	类型	单位	参数注释
Weld_speed	num	mm/s	机器人的焊接速度
Voltage	num	V	焊接电压
Current	num	A	焊接电流

Weavedata 类型参数见表 8-6。

表 8-6　Weavedata 类型参数

参数名称	类型	参数注释
Weave_shape	num	摆动的形状
Weave_type	num	摆动的模式
Weave_length	num	一个摆动周期，机器人 TCP 向前移动距离
Weave_width	num	摆动的宽度
Weave_height	num	摆动的高度

8.3 任务实施

8.3.1 工作站解包

1）双击工作站，打包文件 huhanTest.rspag，如图 8-2 所示。

2）一直单击“下一步”按钮，等待解包完成，如图 8-3 所示。

图 8-2　选择待解包的文件

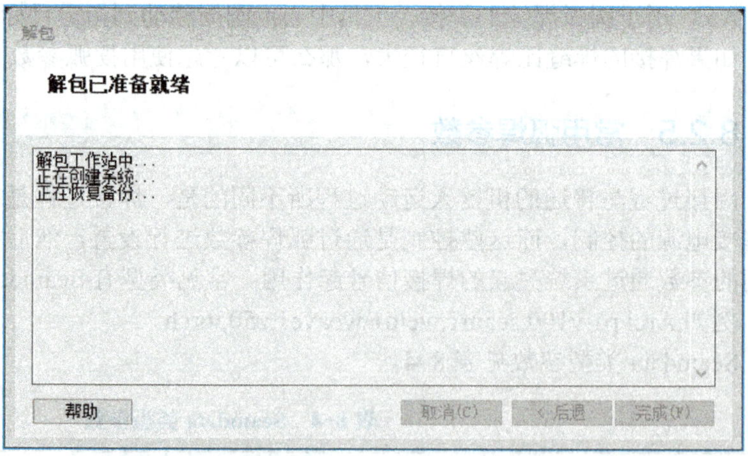

图 8-3　等待解包

3）解包完成后，单击“关闭”按钮，进入工作站，如图 8-4 所示。

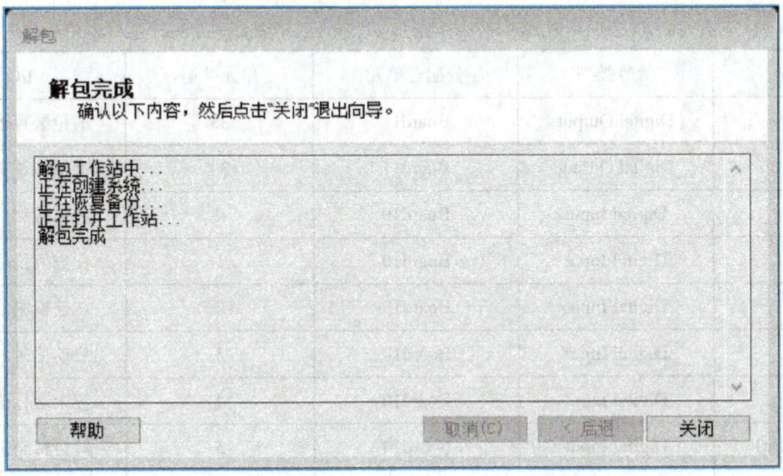

图 8-4　解包完成

8.3.2　配置 I/O 单元

在虚拟示教器中，根据以下的参数配置 I/O 单元，见表 8-7。

表 8-7　配置 I/O 单元

名称	单元类型	连接至总线	设备通信地址
Board10	D651	DeviceNet1	10
Board11	D651	DeviceNet1	11

8.3.3　配置 I/O 信号

在虚拟示教器中，根据以下的参数配置 I/O 信号，见表 8-8。

表 8-8　配置 I/O 信号

名称	信号类型	分配至单元	单元映射	I/O 信号注解
a001_Weld_ REF	Analog Output	Board10	0-15	焊接电压控制模拟信号
ao02_Feed REF	Analog Output	Board10	16-31	焊接电流控制模拟信号
do01_WeldOn	Digital Input	Board10	32	焊接启动数字信号
do02_GasOn	Digital Input	Board10	33	打开保护气数字信号
do03_FeedOn	Digital Input	Board10	34	送丝信号
do04_Pos1	Digital Input	Board10	35	转台转到 A 工位
do05_Pos2	Digital Input	Board10	36	转台转到 B 工位
do06_CydeOn	Digital Input	Board10	37	机器人运行状态信号
do07_Error	Digital Output	Board10	38	机器人报警状态信号
do08_EStop	Digital Output	Board10	39	机器人急停状态信号
do09_GunWash	Digital Output	Board11	32	清枪装置清焊渣信号

（续）

名称	信号类型	分配至单元	单元映射	I/O 信号注解
do10_GunSpary	Digital Output	Board11	33	清枪装置喷雾信号
do11_FeedCut	Digital Output	Board11	34	清枪装置剪焊丝信号
di01_ArcEst	Digital Input	Board10	0	起弧检测信号
di02_GasOK	Digital Input	Board10	1	保护气检测信号
di03_FeedOK	Digital Input	Board10	2	送丝检测信号
di04_Start	Digital Input	Board10	3	启动信号
di05_Stop	Digital Input	Board10	4	停止运行信号
di06_WorkStatI/On1	Digital Input	Board10	5	转台转到工位 A 信号
di07_WorkStatI/On2	Digital Input	Board10	6	转台转到工位 B 信号
di08_LoadingOK	Digital Input	Board10	7	工件装夹完成按钮信号
di09_ResetError	Digital Input	Board11	0	错误报警复位信号
di10_StartAtMain	Digital Input	Board11	1	从主程序开始信号
di11_MotorOn	Digital Input	Board11	2	电机上电输入信号

8.3.4　配置系统 I/O 信号

在虚拟示教器中，根据以下的参数配置系统 I/O 信号，见表 8-9。

表 8-9　配置系统 I/O 信号

类型	信号名称	动作/状态	实参	注释
System Input	di03_Start	Start	Continuous	程序启动
System Input	di04_Stop	Stop	无	程序停止
System Input	di05_StartAtMain	StartMain	Continuous	从主程序启动
System Input	di06_EstopReset	ResetEstop	无	急停状态恢复
System Input	di07_MotorOn	MotorOn	无	电动机上电
System Output	do33_AutoOn	Auto On	无	自动状态输出

8.3.5　练习程序

在工作站实现直线和弧线焊接流程，熟悉程序后，可以根据实际的需要在此程序的基础上做适用性修改，以满足实际逻辑与动作的控制。

```
PROC Test1()
MoveJ p1, v1000, z50, test1;
！机器人移动至 p1 点
ArcLStart p2, v1000, seam1, weld1, fine, test1;
！机器人移动至 p2 点并开始焊接
```

```
ArcL p3, v1000, seam1, weld1, fine, Tregaskiss22deg;
! 机器人焊接至 p3 点
ArcLEnd p4, v1000, seam1, weld1, fine, Tregaskiss22deg;
! 机器人焊接至 p4 点并停止焊接
MoveJ p5, v1000, z50, test1;
! 机器人移动至 p5 点
ENDPROC
```

机器人直线运动轨迹如图 8-5 所示。

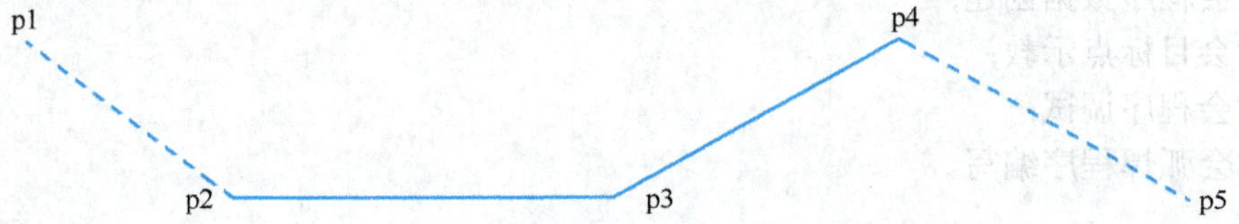

图 8-5　机器人直线运动轨迹

```
PROC Test2()
MoveJ p1, v1000, z50, test2;
! 机器人移动至 p1 点
ArcLStart p2, v1000, seam1, weld1, fine, test2;
! 机器人移动至 p2 点并开始焊接
ArcC p3, p4, v1000, seam1, weld1, fine, test2;
! 机器人经过 p3 向 p4 弧焊
ArcLEnd p5, v1000, seam1, weld1, fine, test2;
! 机器人焊接至 p5 点并停止焊接
MoveL p6, v1000, z50, test2;
! 机器人移动至 p5 点
ENDPROC
```

机器人圆弧运动轨迹如图 8-6 所示。

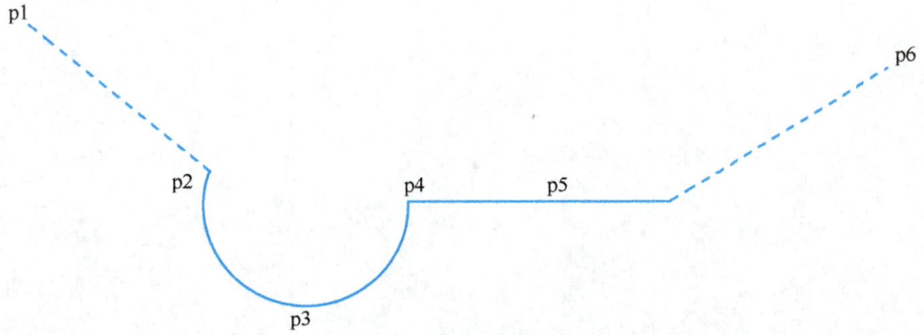

图 8-6　机器人圆弧运动轨迹

知识、技能归纳

该实例从工作站解包、弧焊程序数据的创建、编程、调试到最终运行一个完整的弧焊应用，通过该案例的学习和操作，读者可以对机器人完成弧焊应用有一个清晰的认识。

工程素质培养

① 了解工业机器人搬运工作站布局；
② 学会弧焊常用 I/O 配置；
③ 学会程序数据创建；
④ 学会目标点示教；
⑤ 学会程序调试；
⑥ 学会弧焊程序编写。

附录 RAPID 程序指令与功能简述

1. 程序执行的控制

附表 1 程序的调用

指　　令	说　　明
ProcCall	调用例行程序
CallByVar	通过带变量的例行程序名称调用例行程序
RETURN	返回原例行程序

附表 2 例行程序内的逻辑控制

指　　令	说　　明
Compact IF	如果条件满足，就执行下一条指令
IF	当满足不同的条件时，执行对应的程序
FOR	根据指定的次数，重复执行对应的程序
WHILE	如果条件满足，重复执行对应的程序
TEST	对一个变量进行判断，从而执行不同的程序
GOTO	跳转到例行程序内标签的位置
Lable	跳转标签

附表 3 停止程序执行

指　　令	说　　明
Stop	停止程序执行
EXIT	停止程序执行并禁止在停止处再开始
Break	临时停止程序的执行，用于手动调试
SystemStopAction	停止程序执行与机器人运动
ExitCycle	中止当前程序的运行并将程序指针 PP 复位到主程序的第一条指令。如果选择了程序连续运行模式，程序将从主程序的第一句重新执行

2. 变量指令

附表 4 赋值指令

指　　令	说　　明
:=	对程序数据进行赋值

附表 5　等待指令

指　令	说　明
WaitTime	等待一个指定的时间，程序再往下执行
WaitUntil	等待一个条件满足后，程序继续往下执行
WaitDI	等待一个输入信号状态为设定值
WaitDO	等待一个输出信号状态为设定值

附表 6　程序注释

指　令	说　明
Comment	对程序进行注释

附表 7　程序模块加载

指　令	说　明
Load	从机器人硬盘加载一个程序模块到运行内存
UnLoad	从运行内存中卸载一个程序模块
StartLoad	在程序执行的过程中，加载一个程序模块到运行内存中
WaitLoad	当 StartLoad 使用后，使用此指令将程序模块链接到任务中使用
CancelLoad	取消加载程序模块
CheckProgRef	检查程序引用
Save	保存程序模块
EraseModule	从运行内存删除程序模块

附表 8　变量功能

指　令	说　明
TryInt	判断数据是否是有效的整数
OpMode	读取当前机器人的操作模式
RunMode	读取当前机器人程序的运行模式
NonMotionMode	读取程序任务当前是否无运动的执行模式
Dim	获取一个数组的维数
Present	读取带参数例行程序的可选参数值
IsPers	判断一个参数是不是变量
IsVar	判断一个参数是不是变量

附表 9　转换功能

指　令	说　明
StrToByte	将字符串转换为指定格式的字节数据
ByteToStr	将字节数据转换为字符串

3. 运动设定

附表 10 速度设定

功 能	说 明
MaxRobSpeed	获取当前型号机器人可实现的最大 TCP 速度
VelSet	设定最大的速度与倍率
SpeedRefresh	更新当前运动的速度倍率
AccSet	定义机器人的加速度
WorldAccLim	设定大地坐标中工具与载荷的加速度
PathAccLim	设定运动路径中 TCP 的加速度

附表 11 轴配置管理

指 令	说 明
ConfJ	关节运动的轴配置控制
ConfL	线性运动的轴配置控制

附表 12 奇异点的管理

指 令	说 明
SingArea	设定机器人运动时，在奇异点的插补方式

附表 13 位置偏置功能

指 令	说 明
PDispOn	激活位置偏置
PDispSet	激活指定数值的位置偏置
PDispOff	关闭位置偏置
EOffsOn	激活外轴偏置
EOffsSet	激活指定数值的外轴偏置
EOffsOff	关闭外轴位置偏置
DefDFrame	通过三个位置数据计算出位置的偏置
DefFrame	通过六个位置数据计算出位置的偏置
ORobT	从一个位置数据删除位置偏置
DefAccFrame	从原始位置和替换位置定义一个框架

附表 14 软伺服功能

指 令	说 明
SoftAct	激活一个或多个轴的软伺服功能
SoftDeact	关闭软伺服功能

附表 15 机器人参数调整功能

指 令	说 明
TuneServo	伺服调整
TuneReset	伺服调整复位
PathResol	几何路径精度调整
CirPathMode	在圆弧插补运动时，工具姿态的变换方式

附表 16 空间监控管理

指 令	说 明
WZBoxDef	定义一个方形的监控空间
WZCylDef	定义一个圆柱形的监控空间
WZSphDef	定义一个球形的监控空间
WZHomeJointDef	定义一个关节轴坐标的监控空间
WZLimJointDef	定义一个限定为不可进入的关节轴坐标监控空间
WZLimSup	激活一个监控空间并限定为不可进入
WZDOSet	激活一个监控空间并与一个输出信号关联
WZEnable	激活一个临时的监控空间
WZFree	关闭一个临时的监控空间

注：这些功能需要选项“World zones”配合。

4. 运动控制

附表 17 机器人运动控制

指 令	说 明
MoveC	TCP 圆弧运动
MoveJ	关节运动
MoveL	TCP 线性运动
MoveAbsJ	轴绝对角度位置运动
MoveExtJ	外部直线轴和旋转轴运动
MoveCDO	TCP 圆弧运动的同时触发一个输出信号
MoveJDO	关节运动的同时触发一个输出信号
MoveLDO	TCP 线性运动的同时触发一个输出信号
MoveCSync	TCP 圆弧运动的同时执行一个例行程序
MoveJSync	关节运动的同时执行一个例行程序
MoveLSync	TCP 线性运动的同时执行一个例行程序

附表 18 搜索功能

指 令	说 明
SearchC	TCP 圆弧搜索运动
SearchL	TCP 线性搜索运动
SearchExtJ	外轴搜索运动

附表 19 指定位置触发信号与中断功能

指 令	说 明
TriggIO	定义触发条件在一个指定的位置触发输出信号
TriggInt	定义触发条件在一个指定的位置触发中断程序
TriggCheckIO	定义一个指定的位置进行 I/O 状态的检查
TriggEquip	定义触发条件在一个指定的位置触发输出信号，并对信号响应的延迟进行补偿设定
TriggRampAO	定义触发条件在一个指定的位置触发模拟输出信号，并对信号响应的延迟进行补偿设定
TriggC	带触发事件的圆弧运动
TriggJ	带触发事件的关节运动
TriggL	带触发事件的直线运动
TriggLIOs	在一个指定的位置触发输出信号的线性运动
StepBwdPath	在 Restart 的事件程序中进行路径的返回
TriggStopProc	在系统中创建一个监控处理，用于在 Stop 和 QStop 中需要信号复位和程序数据复位的操作
TriggSpeed	定义模拟输出信号与实际 TCP 速度之间的配合

附表 20 出错或中断时的运动控制

指 令	说 明
StopMove	停止机器人运动
StartMove	重新启动机器人运动
StartMoveRetry	重新启动机器人运动及相关的参数设定
StopMoveReset	对停止运动状态复位，但不重新启动机器人运动
StorePath*	存储已生成的最近路径
RestoPath*	重新生成之前存储的路径
ClearPath	在当前的运动路径级别中，清空整个运动路径
PathLevel	获取当前路径级别
SyncMoveSuspend*	在 StorePath 的路径级别中暂停同步坐标的运动
SyncMoveResume*	在 StorePath 的路径级别中返回同步坐标的运动

*：这些功能需要选项“Path recovery”配合。

附表 21 外轴的控制

指 令	说 明
DeactUnit	关闭一个外轴单元
ActUnit	激活一个外轴单元
MechUnitLoad	定义外轴单元的有效载荷
GetNextMechUnit	检索外轴单元在机器人系统中的名字
IsMechUnitActive	检查一个外轴单元状态是关闭/激活

附表 22 独立轴控制

指 令	说 明
IndAMove	将一个轴设定为独立轴模式并进行绝对位置方式运动
IndCMove	将一个轴设定为独立轴模式并进行连续方式运动
IndDMove	将一个轴设定为独立轴模式并进行角度方式运动
IndRMove	将一个轴设定为独立轴模式并进行相对位置方式运动
IndReset	取消独立轴模式
IndInpos	检查独立轴是否已到达指定位置
IndSpeed	检查独立轴是否已到达指定的速度

注：这些功能需要选项“Independent movement”配合。

附表 23 路径修正功能

指 令	说 明
CorrCon	连接一个路径修正生成器
CorrWrite	将路径坐标系统中的修正值写到修正生成器
CorrDiscon	断开一个已连接的路径修正生成器
CorrClear	取消所有已连接的路径修正生成器
CorrRead	读取所有已连接的路径修正生成器的总修正值

注：这些功能需要选项“Path offset or RobotWare-Arc sensor”配合。

附表 24 路径记录功能

指 令	说 明
PathRecStart	开始记录机器人的路径
PathRecStop	停止记录机器人的路径
PathRecMoveBwd	机器人根据记录的路径作后退动作
PathRecMoveFwd	机器人运动到执行 PathRecMoveBwd 这个指令的位置上
PathRecValidBwd	检查是否已激活路径记录和是否有可后退的路径
PathRecValidFwd	检查是否有可向前的记录路径

注：这些功能需要选项“Path recovery”配合。

附表 25 输送链跟踪功能

指 令	说 明
WaitWObj	等待输送链上的工件坐标
DropWObj	放弃输送链上的工件坐标

注：这些功能需要选项“Conveyor tracking”配合。

附表 26 传感器同步功能

指　令	说　明
WaitSensor	将一个在开始窗口的对象与传感器设备关联起来
SyncToSensor	开始/停止机器人与传感器设备的运动同步
DropSensor	断开当前对象的连接

注：这些功能需要选项“Sensor synchronization”配合。

附表 27 有效载荷与碰撞检测

指　令	说　明
MotionSup*	激活/关闭运动监控
LoadId	工具或有效载荷的识别
ManLoadId	外轴有效载荷的识别

*：此功能需要选项“Collision detection”配合。

附表 28 关于位置的功能

功　能	说　明
Offs	对机器人位置进行偏移
RelTool	对工具的位置和姿态进行偏移
CalcRobT	从 jointtarget 计算出 robtarget
CPos	读取机器人当前的 *X*、*Y*、*Z* 坐标
CRobT	读取机器人当前的 robtarget
CJointT	读取机器人当前的关节轴角度
ReadMotor	读取轴电动机当前的角度
CTool	读取工具坐标当前的数据
CWObj	读取工件坐标当前的数据
MirPos	镜像一个位置
CalcJointT	从 robtarget 计算出 jointtarget
Distance	计算两个位置的距离
PFRestart	检查当路径因电源关闭而中断的时候
CSpeedOverride	读取当前使用的速度倍率

5. 输入/输出信号的处理

附表 29 对输入/输出信号的值进行设定

指　令	说　明
InvertDO	对一个数字输出信号的值置反
PulseDO	数字输出信号进行脉冲输出
Reset	将数字输出信号置为 0
Set	将数字输出信号置为 1
SetAO	设定模拟输出信号的值
SetDO	设定数字输出信号的值
SetGO	设定组输出信号的值

附表 30 读取输入/输出信号值

功　能	说　明
AOutput	读取模拟输出信号的当前值
DOutput	读取数字输出信号的当前值
GOutput	读取组输出信号的当前值
TestDI	检查一个数字输入信号已置 1
ValidIO	检查 I/O 信号是否有效
WaitDI	等待一个数字输入信号的指定状态
WaitDO	等待一个数字输出信号的指定状态
WaitGI	等待一个组输入信号的指定值
WaitGO	等待一个组输出信号的指定值
WaitAI	等待一个模拟输入信号的指定值
WaitAO	等待一个模拟输出信号的指定值

附表 31 I/O 模块的控制

指　令	说　明
IODisable	关闭一个 I/O 模块
IOEnable	开启一个 I/O 模块

6. 通信功能

附表 32 示教器上人机界面的功能

指　令	说　明
TPErase	清屏
TPWrite	在示教器操作界面上写信息
ErrWrite	在示教器事件日志中写报警信息并储存
TPReadFK	互动的功能键操作
TPReadNum	互动的数字键盘操作
TPShow	通过 RAPID 程序打开指定的窗口

附表 33 通过串口进行读写

指令	说明
Open	打开串口
Write	对串口进行写文本操作
Close	关闭串口
WriteBin	写一个二进制数的操作
WriteAnyBin	写任意二进制数的操作
WriteStrBin	写字符的操作
Rewind	设定文件开始的位置
ClearIOBuff	清空串口的输入缓冲
ReadAnyBin	从串口读取任意的二进制数
ReadNum	读取数字量
ReadStr	读取字符串
ReadBin	从二进制串口读取数据
ReadStrBin	从二进制串口读取字符串

附表 34 Sockets 通信

指令	说明
SocketCreate	创建新的 socket
SocketConnect	连接远程计算机
SocketSend	发送数据到远程计算机
SocketReceive	从远程计算机接收数据
SocketClose	关闭 socket
SocketGetStatus	获取当前 socket 状态

7. 中断程序

附表 35 中断设定

指令	说明
CONNECT	连接一个中断符号到中断程序
ISignalDI	使用一个数字输入信号触发中断
ISignalDO	使用一个数字输出信号触发中断
ISignalGI	使用一个组输入信号触发中断
ISignalGO	使用一个组输出信号触发中断
ISignalAI	使用一个模拟输入信号触发中断
ISignalAO	使用一个模拟输出信号触发中断
ITimer	计时中断
TriggInt	在一个指定的位置触发中断
IPers	使用一个可变量触发中断
IError	当一个错误发生时触发中断
IDelete	取消中断

附表 36 中断的控制

指 令	说 明
ISleep	关闭一个中断
IWatch	激活一个中断
IDisable	关闭所有中断
IEnable	激活所有中断

8. 系统相关的指令

附表 37 时间控制

指 令	说 明
ClkReset	计时器复位
ClkStart	计时器开始计时
ClkStop	计时器停止计时
ClkRead	读取计时器数值
CDate	读取当前日期
CTime	读取当前时间
GetTime	读取当前时间为数字型数据

9. 数学运算

附表 38 简单运算

指 令	说 明
Clear	清空数值
Add	加或减操作
Incr	加 1 操作
Decr	减 1 操作

附表 39 算数功能

功 能	说 明
Abs	取绝对值
Round	四舍五入
Trunc	舍位操作
Sqrt	计算平方根
Exp	计算指数值 e^x
Pow	计算指数值
ACos	计算圆弧余弦值
ASin	计算圆弧正弦值
ATan	计算圆弧正切值[-90,90]
ATan2	计算圆弧正切值[-180,180]
Cos	计算余弦值
Sin	计算正弦值
Tan	计算正切值
EulerZYX	从姿态计算欧拉角
OrientZYX	从欧拉角计算姿态

参 考 文 献

[1] 叶晖. 工业机器人实操与应用技巧[M]. 2 版. 北京：机械工业出版社，2017.

[2] 李云江. 机器人概论[M]. 3 版. 北京：机械工业出版社，2021.

[3] 叶晖. 工业机器人典型应用案例精析[M]. 2 版. 北京：机械工业出版社，2022.

[4] 胡伟. 工业机器人行业应用实训教程[M]. 北京：机械工业出版社，2015.

[5] 汤晓华，等. 工业机器人应用技术[M]. 北京：高等教育出版社，2015.

[6] 龚仲华. 工业机器人从入门到应用[M]. 北京：机械工业出版社，2018.